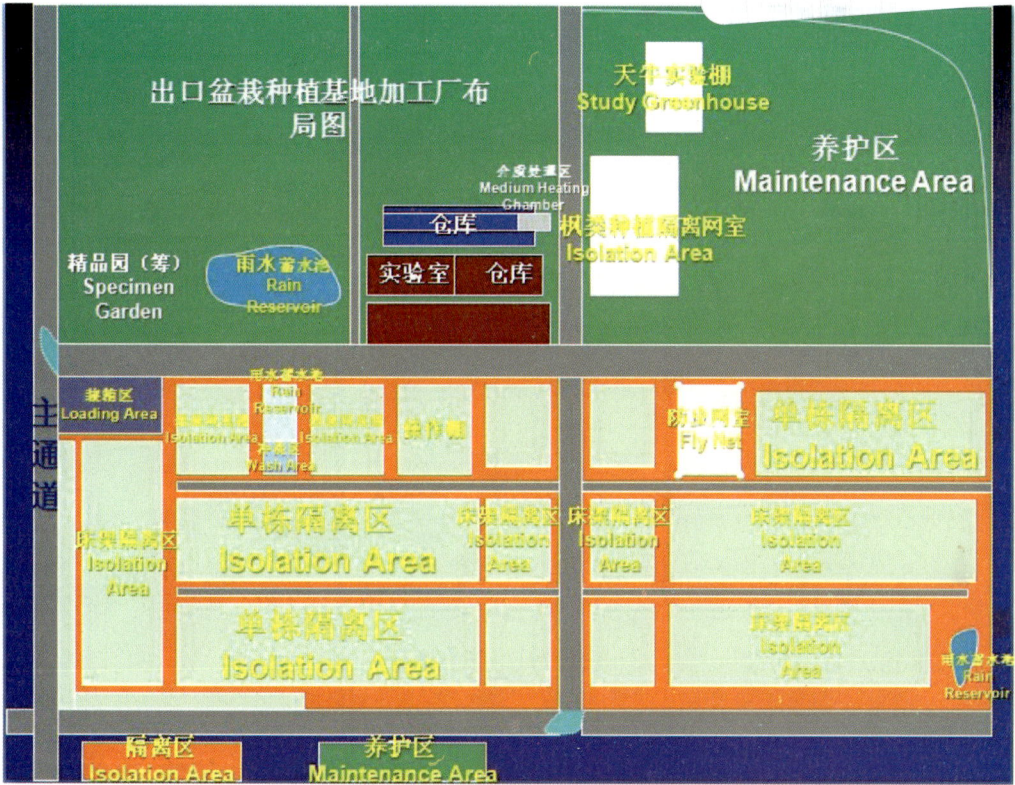

图 1 出口盆栽种植基地示范区布局图

图 2 出口盆栽种植基地示范区远景

进苗环节企业病虫害防控

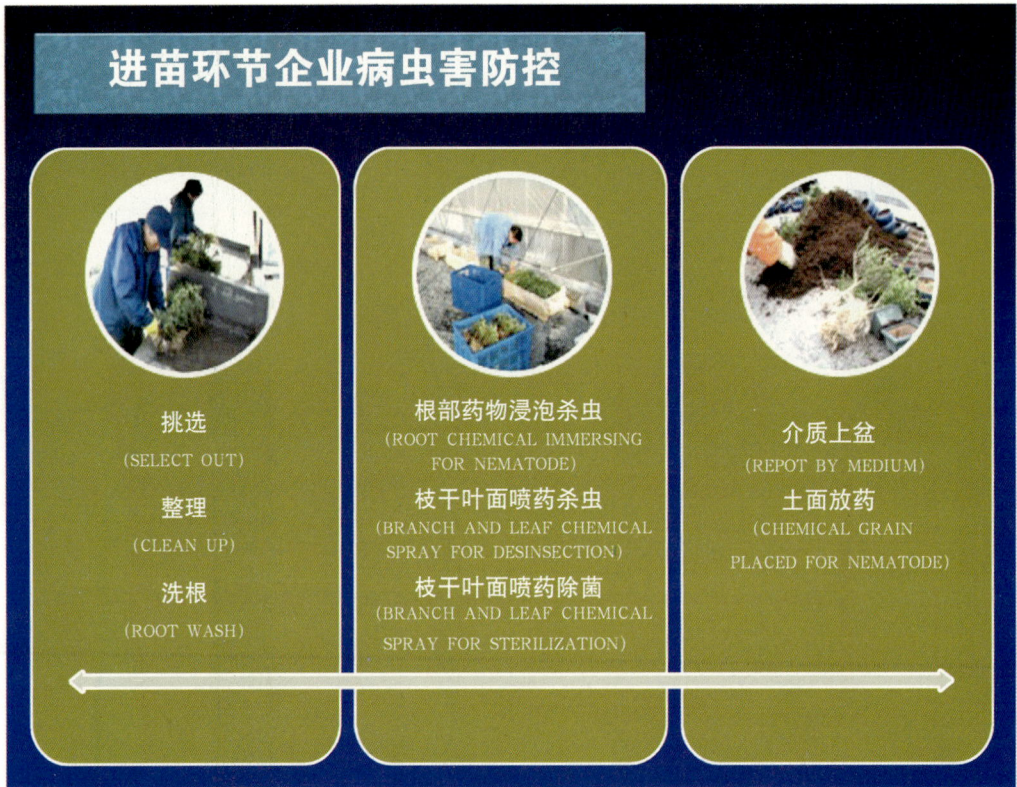

挑选
(SELECT OUT)

整理
(CLEAN UP)

洗根
(ROOT WASH)

根部药物浸泡杀虫
(ROOT CHEMICAL IMMERSING
FOR NEMATODE)

枝干叶面喷药杀虫
(BRANCH AND LEAF CHEMICAL
SPRAY FOR DESINSECTION)

枝干叶面喷药除菌
(BRANCH AND LEAF CHEMICAL
SPRAY FOR STERILIZATION)

介质上盆
(REPOT BY MEDIUM)

土面放药
(CHEMICAL GRAIN
PLACED FOR NEMATODE)

图 3 进苗环节企业病虫害防控

养护环节企业病虫害防控
PEST PREVENTION AND CURE

定期喷洒药物防虫防菌
REGULAR CHEMICAL SPRAY FOR PEST CONTROL AND FUNGUS PROOF

定期土面放置颗粒药物控制线虫
REGULAR CHEMICAL TREATMENT FOR NEMOTODE CONTROL

定期清理隔离区环境
REGULAR CLEAN UP THE SURROUNDING OF ISOLATION AREA

定期药物喷洒水沟，道路，路边行道树
REGULAR CHEMICAL SPRAY ON RACEWAY,PATH,ROAD SIDE TREE

除草，除青苔 WEEDING, GREEN MOSS TAKE OFF
换介质 CHANGE MEDIUM
页面枝干防虫防菌处理 CHEMICAL TREATMENT ON BRANCH AND LEAF
FOR DESINSECTION AND STERILIZATION

图 4 养护环节企业病虫害防控

图 5　养护地床的石子与土壤之间有防虫纱网隔开，石子厚度为 8 ～ 10 ㎝，此设施可兼顾养护和防控有害生物

图 6　养护地床的石子与土壤之间由防虫纱网隔开，石子厚度为 8 ～ 10 ㎝，此设施可兼顾养护和防控有害生物

图 7 隔离设施里植物全部出完后要及时进行消毒（生石灰消毒法）

图 8 单栋隔离网室

图 9　养护台架（至少 50cm 高）

图 10　隔离网室安装双道门

图 11　隔离棚中加多层货架用于进货时小苗隔离

图 12　连栋隔离网室内景（室内床架至少 50 cm 高）

图 13　介质热蒸汽消毒设施（消毒窑）

图 14　对出口苗木原材料进场时进行有害生物监测

图 15 装箱时喷药防有害生物

图 16 出口货物装箱场地要有硬化地面

进出境种苗花卉
检验检疫与标准化建设

The entry-exit inspection, quarantine and standardization
construction of seed，nursery stock and flowers

吴 蓉 主编

中国科学技术出版社
·北京·

图书在版编目（CIP）数据

进出境种苗花卉检验检疫与标准化建设／吴蓉主编—北京：中国科学技术出版社，
2013.12
ISBN 978-7-5046-6489-1

Ⅰ．①进…　Ⅱ．①吴…　Ⅲ．①苗木—花卉—国境检疫—标准化管理—中国
Ⅳ．①S41-32

中国版本图书馆CIP数据核字(2013)第287522号

出 版 人	苏　青
项目策划	苏　青
策划编辑	史若晗
责任编辑	史若晗　赵琳（实习）
责任校对	王勤杰
责任印制	王　沛

出　　版	中国科学技术出版社
发　　行	科学普及出版社发行部
地　　址	北京市海淀区中关村南大街16号
邮政编码	100081
网　　址	http://www.cspbooks.com.cn
投稿电话	010-62103115
购书电话	010-62103133
购书传真	010-62103349
经　　销	全国新华书店
印　　刷	北京正道印刷厂
开　　本	787mm×1092mm　1/16
印　　张	14.25
字　　数	300千字
版　　次	2014年1月第1版
印　　次	2014年1月第1次印刷
书　　号	ISBN 978-7-5046-6489-1/S·567
定　　价	50.00元

序

  种苗花卉业是一项占地面积少、科技含量高、经济效益大的优势产业。种苗花卉也是我国进出口农产品的重要组成部分。近年来，我国进出口种苗花卉数量巨大，为繁荣国内园艺产业做出了突出贡献。我国不仅是世界上最大的种苗花卉生产国，而且是国际上重要的种苗花卉消费国和进出口贸易国。

  随着进境种苗花卉的引入，随之带来外来有害生物的传入，各贸易国家都纷纷对种苗花卉进境出台检疫法规，导致我国企业屡屡遭遇国外的技术性贸易壁垒，给我国的种苗花卉产业造成重大损失，种苗花卉产业发展遭遇瓶颈。

  国家质检总局高度重视进出口种苗花卉工作，从2000年以来，陆续下发了《进境植物繁殖材料检疫管理办法》、《进境植物繁殖材料隔离检疫圃管理办法》、《关于加强进出境种苗花卉检验检疫工作的通知》等规章制度，2010年在全国实行了指定入境口岸制度，进口植物种苗必须从考核批准的指定口岸入境，从而，进一步提升了进境植物种苗检疫监管规范化和科学化水平。

  浙江省是我国三大出口种苗花卉强省之一，近年来，浙江出入境检验检疫局对进出口种苗花卉的检验检疫和标准化建设开展了积极的研究和探索，积累了大量的资料和数据，编写了《进出境种苗花卉检验检疫与标准化建设》一书。该书从检疫监管程序到政策法规，从检疫防控技术到示范基地建设等方面都作了详细介绍，内容覆盖面广，针对性强，简明实用。

  该书的出版，将对我国进出口种苗花卉生产企业早日突破发展瓶颈，有效规避贸易风险，促进我国种苗花卉业的顺利健康发展起到重要作用。

国家质检总局动植物检疫监管司

副司长 研究员

2013 年 6 月 15 日

前　言

随着国民经济的发展和人民生活水平的日益提高，花卉在农业和农村经济、城乡经济一体化建设以及社会经济、文化生活中占有越来越重要的地位。由于物种资源、气候资源、劳动力和土地资源等优势，我国现已跻身世界十大花卉产业强国之一，产品远销五大洲；浙江省成为我国三大花卉出口强省之一。进境种苗花卉的引入，随之带来外来有害生物的传入，因此，各贸易国家纷纷对种苗花卉进境出台检疫法规，导致我国企业屡屡遭遇他国的贸易壁垒，给我国的花卉产业造成重大损失。与此同时，因为种苗花卉生产技术的不平衡性和种苗花卉贸易的国际区域性，为满足日益膨胀的国内市场需求，我国每年都要进口大量花卉生产用种，引进种苗花卉的数量逐年增加。

浙江出入境检验检疫局长期从事进出境种苗花卉检疫工作，积累了大量资料与数据，同时，也对出口种苗花卉企业制定了相应的监管要求。本书从我国进出境种苗花卉管理现状、问题，企业体系建立与监管入手，汇编了企业和个人进出口种苗花卉的检疫监管程序及要求，更深入地对进境和出境种苗花卉主要携带有害生物防控技术进行研究和阐述。以出口星天牛寄主植物打破贸易国技术壁垒的生动实例为示范，形成一套有效出口种苗花卉示范地建设的体系。在书中全面收纳了自2000年以来我国关于进出境种苗花卉检验检疫政策与法规，同时收集了十四个主要种苗花卉贸易国和地区的检验检疫要求。书中还附有大量的示范图片。本书内容覆盖面广，针对性强，简明实用。

本书的完成得到了浙江省林业种苗管理总站、杭州六通园艺有限公司的大力支持，同时，得到国家质检总局动植司陈洪俊副司长、江苏出入境检验检疫局动植食中心安榆林研究员、浙江出入境检验检疫局动植处王建伟处长和钱荣田副处长、浙江省林科院汪奎宏研究员、广东轻工职业技术学院陈珊助理馆员的关心和帮助。本书是由国家质检总局科技项目"出口苗木示范基地建设及检疫除害处理技术研究"（2012IK292）、浙江省重点科技创新团队项目"农产品安全标准与检测技术"（2010R50028）和浙江出入境检验检疫局重点科技项目"浙江口岸进境花卉种苗种植园中危险性病害监测及防控体系研究"（2013ZKZ04）共同资助完成。

由于作者编撰此类书籍的经验不足，难免存在错漏和不妥之处，敬请读者提出宝贵意见。

编　者

2013 年 4 月

目　　录

第三章　主要进境种苗花卉检验检疫及携带有害生物的防控技术

第四章 主要出境种苗花卉检验检疫及防控技术

第五章　出境种苗花卉示范建设实例

第六章　我国进出境种苗花卉检验检疫政策法规

第七章　主要贸易国家和地区进境种苗花卉检验检疫要求

01

第一章 **CHAPTER ONE**

我国进出境种苗花卉检验检疫管理现状

进出境种苗花卉检验检疫与标准化建设

THE ENTRY-EXIT INSPECTION, QUARANTINE AND STANDARDIZATION CONSTRUCTION OF SEED,
NURSERY STOCK AND FLOWERS

进出境种苗花卉检验检疫与标准化建设
The entry-exit inspection, quarantine and standardization
construction of seed, nursery stock and flowers

第一节　我国进出境种苗花卉概况

一、进出境种苗花卉的重要意义

种苗花卉，是指可供人们观赏的花卉、园林植物及用于繁殖该类植物的材料，包括鲜切花、盆花、盆景、草坪等和种球、种子、花苗、根、茎等繁殖材料。

种苗花卉业是一项占地面积少、科技含量高、经济效益大的优势产业；近几年来，粮食生产出现阶段性过剩，蔬菜市场也出现阶段性饱和，与此同时，农村生态环境的不断恶化和森林资源的急剧减少，都使得调整农林业结构成为农业和农村工作的重要任务之一，花卉业在农村产业结构调整中不失为一条良好的途径。发展花卉业也是农民增收、奔小康的一条重要途径；俗话说"一亩园十亩田、一亩花十亩园"，国内外的实践都证明，单位土地面积上种植花卉的产值一般可以达到普通作物和果树的10～50倍；花卉出口创汇利润高达40%，比蔬菜、水果高3～4倍；花卉业还是兼具物质文明与精神文明双重意义的特殊产业。种花、养花、赏花不仅可以修身养性、陶冶情操，提高人民生活质量、文化品位、思想素养，激发人们积极向上的精神，还可以绿化城市、改善生态环境和控制水土流失。随着国民经济的发展和人民生活水平的日益提高，花卉在农业和农村经济、城乡经济一体化建设以及社会经济、文化生活中占有越来越重要的地位，起到越来越大的作用。

改革开放30多年来，随着我国经济的迅猛发展，环境绿化、美化的进程加快，我国种苗花卉业以前所未有的规模持续发展，成就令人瞩目，尤其是"九五"以来，呈现出快速发展的新局面，遍布大江南北，已跻身于世界十大花卉产业强国之一。种苗花卉产业也逐渐成为广大农民发家致富的门路。有些种苗花卉公司经过不断发展壮大，其产品不仅在国内占据一席之地，而且漂洋过海，远销国外。目前，我国已有多个省市将花卉产业作为当地农业经济结构调整的新的经济增长点。

由于种苗花卉生产技术的不平衡性和种苗花卉贸易的国际区域性，为满足日益膨胀的国内市场需求，我国每年都要进口大量花卉生产用种（种籽、种苗、种球），且呈逐年增长的势头。特别是加入WTO以来，我国对花卉种子实行了零关税，引进种苗花卉的数量逐年增加，大大丰富了我国的种苗花卉市场。

二、我国进出境种苗花卉贸易总体数据

（一）基本情况

种苗花卉是我国进出口农产品的重要组成部分，近年来，我国进出口种苗花卉数量巨大，为繁荣国内园艺产业做出了突出贡献。我国不仅是世界上最大的花卉生产国，

而且成为国际上重要的花卉消费国和进出口贸易国。

中国海关统计数据显示，2012 年我国花卉进出口总额为 10.15 亿美元，较 2011 年同比增长 10.3%。在欧债危机绵延的 2012 年，我国进口种苗花卉近年来首次下降，批次和货值分别下降 26% 和 3%，出口种苗花卉进一步增长，出口批次和货值分别增长 1% 和 11%。

（二）进口情况

1. 数据统计及对比

如图 1-1，2012 年进口植物种苗花卉 10961 批、货值 40261.4 万美元，同比分别下降 26% 和 3%。进口种子 4340 批、4.73 万吨，货值 2.7 亿美元，批次和重量同比分别下降 12% 和 10%，货值增加 5.5%。进口苗木 6621 批、3.88 亿株 / 个·千克，货值 1.32 亿美元，同比分别下降 33.2%、11.6%、16.8%。

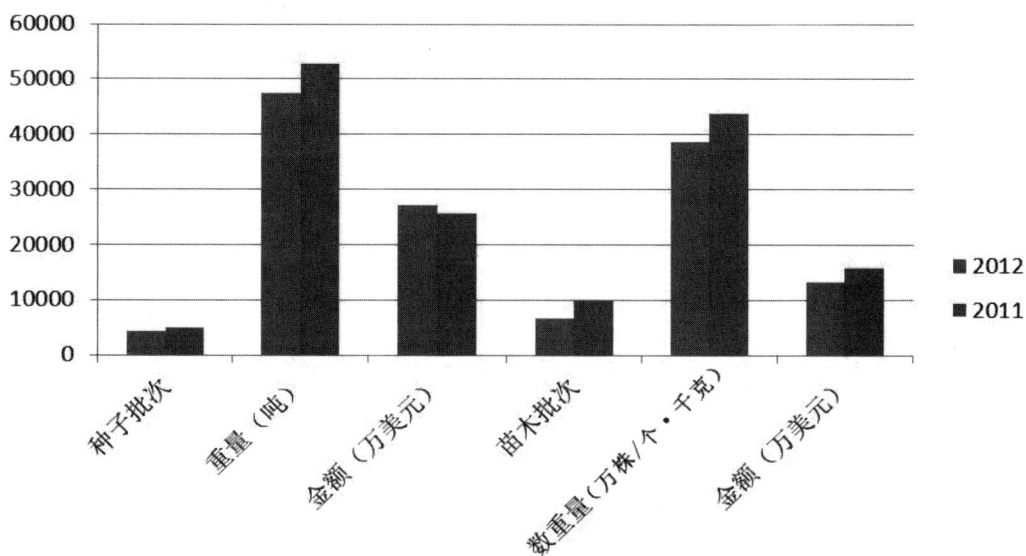

图 1-1　2012 年与 2011 年全国进口种苗贸易情况比较

2. 来源国家地区分析

2012 年进口种子来源于 51 个国家和地区。进口数量最多的国家是美国，共 2.93 万吨，占进口总量的 62%，主要是牧草种子、向日葵种子、蔬菜种子等。来自加拿大、中国香港、丹麦、意大利、印尼、泰国、澳大利亚、中国台湾、阿根廷等 9 个国家和地区的进口量占总进口量的 33%（详见图 1-2）。

进出境种苗花卉检验检疫与标准化建设
The entry-exit inspection, quarantine and standardization
construction of seed, nursery stock and flowers

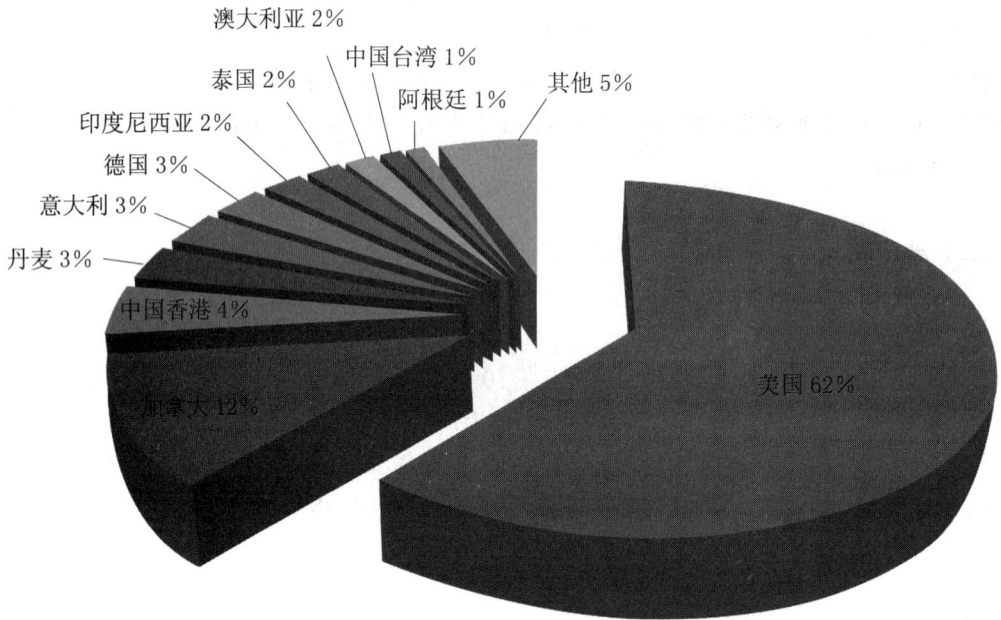

图 1-2　2012 年全国进口种子来源情况（按重量统计）

3. 进口省市分析

2011 年，我国花卉进口金额位居前五位的省市依次为云南省、北京市、广东省、浙江省和广西壮族自治区，上述五省区进口额分别为 5150.8 万美元、2793.7 万美元、1954.4 万美元、1303.4 万美元、441.7 万美元，约占花卉进口总额的 91.0%。

（三）出口情况

1. 数据统计及对比

2012 年，中国出口种苗花卉 35739 批次，货值 6.12 亿美元，较 2011 年分别增长 1% 和 11%，其中出口种子 6511 批次，货值 3.25 亿美元，出口苗木 29228 批次，货值 2.87 亿美元。

2. 出口种类分析

在出口种子中，蔬菜种子出口量最大，共计 1.59 亿美元，占出口种子总货值的 48.9%，其次分别是粮谷种子，其他经济作物种子以及花卉种子，分别为 0.7 亿美元，0.24 亿美元，0.17 亿美元（详见图 1-3）。出口苗木方面，则是观赏花木出口最多，共计 0.98 亿美元，占出口苗木总货值的 34.1%，其次分别是切花、林木以及盆景，分别为 0.86 亿美元，0.43 亿美元和 0.33 亿美元（详见图 1-4）。

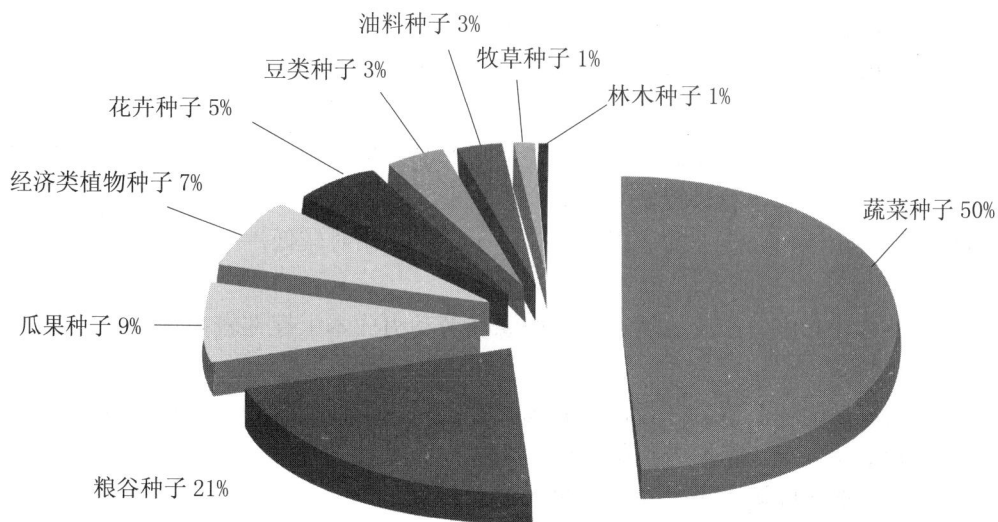

图 1-3　2012 年全国出口种子种类情况（按货值统计）

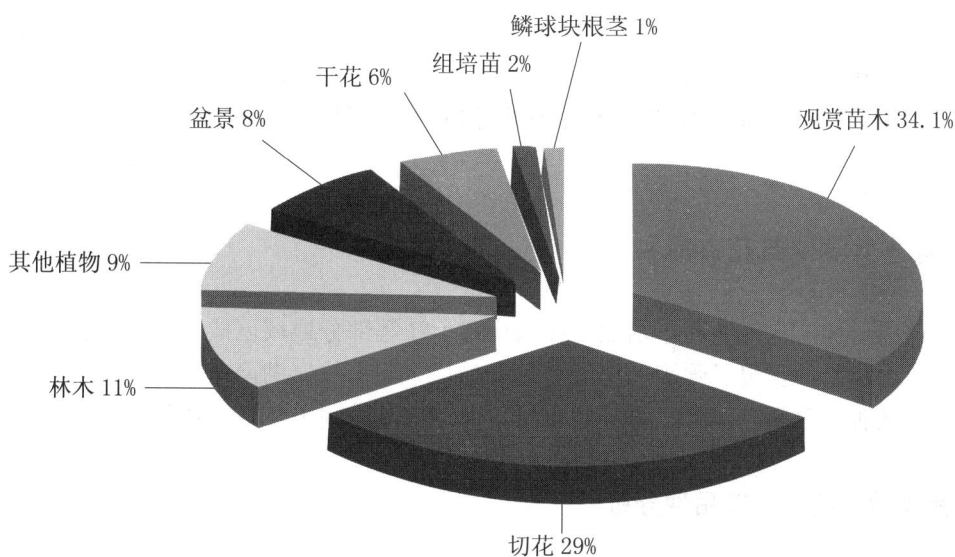

图 1-4　2012 年全国出口苗木种类情况（按货值统计）

3. 出口优势分析

目前，花卉产品是中国农产品中具有比较优势的重要产品之一。我国花卉种苗出口作为朝阳产业，存在着巨大的增长潜力和上升空间，主要优势如下：

一是种质资源优势。我国是世界上野生花卉资源和园林植物资源最为丰富的国家之一，原产我国的观赏植物达 113 科、523 属、1 万多种，云南山茶、洛阳牡丹、苏州梅花、漳州水仙、杜鹃等传统特色花卉出口潜力大。丰富的种质资源为我国花卉业发展提供了坚实的物质基础。

进出境种苗花卉检验检疫与标准化建设
The entry-exit inspection, quarantine and standardization
construction of seed, nursery stock and flowers

二是气候资源优势。我国幅员辽阔，形成多种生态类型和气候类型，适合多种花卉生长，可做到适时适地栽培，使花卉生产以较小的投入获得较大的收益，发展潜力很大。

三是劳动力与土地资源优势。花卉是鲜活产品，属劳动密集型产业。与发达国家相比，我国劳动力成本相对较低，因此，在产业竞争中具有相对的比较优势。同时，我国花卉种植土地相比花卉发达国家而言，土地租金相对较低，具有一定的优势。

4. 存在问题

我国种苗花卉出口产业虽然在自然资源和劳动力成本上存在较大优势，但在如下方面还存在问题：

一是物流运输环节落后。目前，我国花卉出口尚无现代化物流中转站，运输方式落后，运输效率低下，恒温链运输系统尚未建立，运输过程中产品质量下降明显，损耗严重，无法满足欧美市场对花卉质量的要求。

二是出口企业转型升级动力不足。我国花卉企业发展不均衡，生产水平参差不齐，出口基地建设没有统一标准予以指导、规范，与发达国家花卉企业相比尚有很大差距，急需各级政府部门对出口基地建设予以大力扶持。

三是产品升级速度滞后。目前，我国有自主研发能力的花卉企业为数尚少，投入经费有限，因缺乏自主知识产权商品，在国际竞争中往往受制于人。且国内花卉知识产权保护现状不理想，外国种苗商因顾忌品种被盗往往不向中国企业出口国际畅销品种。

三、我国进出境种苗花卉品种

我国进出口种苗花卉量逐年增加，在云南、浙江等部分地域已成为了当地支持产业，其主要出口品种呈现了强烈的地方特色，如广东富贵竹、湖南杂交稻种、云南花卉、甘肃外繁种子等都在国外已打开了市场。而进口品种则主要集中在种苗方面。

（一）我国种苗花卉出口品种分析

我国出口种苗花卉品种带有强烈的地方特色，各个地方主要出口品种均不相同。出口花卉类别主要有盆栽植物、鲜切花、鲜切枝叶、种苗、种球等大类。其中盆栽植物、鲜切花、鲜切枝叶出口份额分别占32%、25%、18%。盆栽植物出口种类主要是绿色植物、盆景、国兰等几大类，主要出口市场是日本、荷兰、韩国、美国、泰国等国以及我国香港地区。鲜切花出口种类主要有百合、玫瑰、菊花、康乃馨、月季等品种，出口市场以日本、俄罗斯、新加坡、泰国、马来西亚和我国香港地区为主。以近年出口额占我国花卉出口总额的75%以上的云南省、浙江省、福建省和广东省四省为例具体说明。

云南省出口品种主要以鲜切花为主，盆花、盆栽观赏植物、苗木、种子等多品种，鲜切花主要有康乃馨、玫瑰、勿忘我、百合等50多个品种。"云花"和"斗南鲜花"

已逐渐发展成为具有一定国际知名度的花卉品牌。

浙江省出口种苗花卉包括切枝切叶切花、传统苗木（含盆景、组培苗、传统裸根苗及容器苗）、种子、种球等 4 大类，其中又以切枝切叶切花居多。其中浙江丰岛股份有限公司是我国最大的杨桐柃木、鲜切菊花、康乃馨生产加工企业，具有近 20 年的出口历史，其报价能直接影响日本市场价格。杭州六通园艺有限公司则是全国 6 家输欧星天牛寄主植物企业之一，主要出口红枫、罗汉松等 20 多种盆景出口。

福建省主要出口品种为水稻、宠物花卉、组培苗、水生植物、鲜切菊花、蝴蝶兰苗、云龙柳等，其具有代表性的主要有榕树、仙人掌类多肉植物、兰花、观叶植物等盆栽植物，以及蔬菜种子、菊花切花、水仙花、棕榈科植物、药用食用花卉、绿化苗木等十大类特色系列产品。

广东出口种类达近千种，产业较集中的有广州盆景，湛江和江门台山的富贵竹，顺德蝴蝶兰等。富贵竹作为广东花卉出口的主要品种，其产业品牌早已享誉国内外。蝴蝶兰则是广东花卉出口的另一主要品种，其品种主要从中国台湾引进和自己研发，拥有种植面积近 8 万平方米，年产量约 600 多万株，约 80% 出口，主要输往韩国、荷兰、泰国、日本、美国等国家。

（二）我国种苗花卉进口品种分析

由于我国制种业与国外尚有明显差距，许多种子、苗木都需要从国外进口，使得种苗成为了我国种苗花卉进口的主要品种。2012 年，我国共进口种子 4340 批、4.73 万吨，货值 2.7 亿美元，进口苗木 6621 批、3.88 亿株／个·千克，货值 1.32 亿美元。

在 2012 年进口的种子中重量最多的是牧草种子，共 32366 吨，占总进口量的 68.3%。进口批次和货值最多的是蔬菜种子，分别为 2435 批、11337 万美元，分别占总量的 56.1% 和 41.9%

苗木，即除种子外的其他种苗。2012 年中进口数量和货值最多的是鳞球茎类，3.45 亿头、8133 万美元，分别占总数的 89% 和总货值的 61.7%；进口批次最多的是鲜切花，共 2553 批次，占总批次的 38.6%。

第二节　浙江进出境种苗花卉现状及特点

近十年来，浙江进出口种苗花卉产业发展迅猛，凭借雄厚的产业基础、丰富的植物资源和良好的对外贸易环境，浙江种苗花卉产品正逐步走向国际市场，种苗花卉进

进出境种苗花卉检验检疫与标准化建设
The entry-exit inspection, quarantine and standardization
construction of seed, nursery stock and flowers

出口贸易额逐年提高（详见表 1-1），稳居全国前列。相关情况如下：

表 1-1 浙江 2010—2012 年进出境种苗统计表

产品	2012 年		2011 年		2010 年	
	批次	金额（元）	批次	金额（元）	批次	金额（元）
进境种苗	81	348.22	89	299.60	69	188.01
出境种苗	1824	5333.78	1834	4884.36	1770	4166.57
合　计	1905	5682.00	1923	5183.96	1839	4354.58

一、进境现状及特点

（一）数据统计

2012 年，浙江进口种苗花卉 81 批次、348.22 万美元，与 2011 年相比，进境批次减少了 8.99%，货值增加了 16.23%。进境种子 68 批次、8101 千克、332.40 万美元（详见图 1-5），其中，进境苗木 8 批次、货值 15.52 万美元，其中林木 0.28 万株，观赏花木 20.5 万株。进境切花 5 批次，433 千克，货值 0.30 万美元。

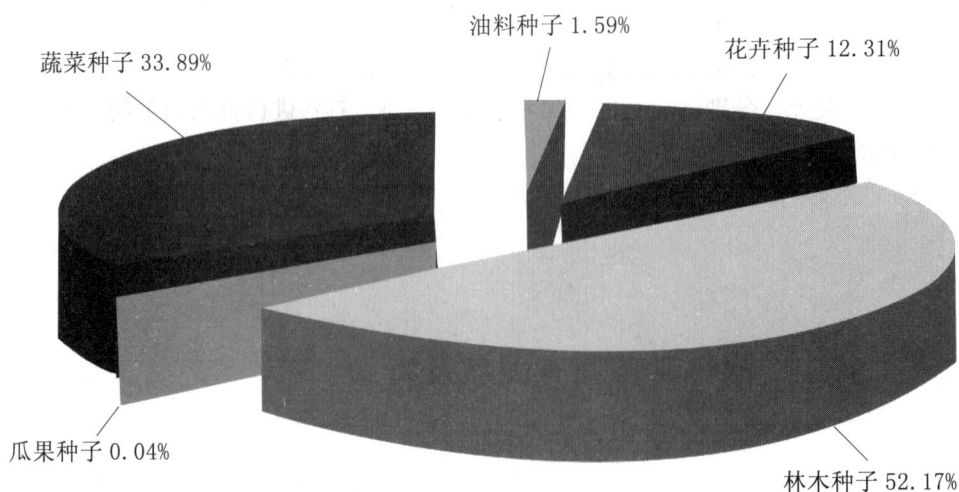

图 1-5　2012 年浙江进口种苗花卉种类情况（按货值统计）

（二）主要特点

一是进口量保持较快增长。浙江省历来是种苗花卉等园艺产品生产和消费大省，苗木产业年产值为 20 多亿元。由于生产需求和消费水平提高，种苗花卉进口量近年来一直保持较快增长。

二是进口业务较为集中。种苗花卉进口手续较为繁琐，专业性较强，因此，目前浙江种苗花卉进口业务主要集中在浙江虹越花卉有限公司、杭州传化大地生物技术股份有限公司、浙江勿忘农种业集团有限公司等少数企业。

三是进口品种以种子种球为主。浙江进口种苗花卉主要是生产上使用，因此，进口产品以种球为主，主要为球根和鳞茎以及草本花卉种子，进口金额可占总进口额的 80% 以上。

二、出口现状及特点

（一）数据统计

2012 年，浙江出口种苗花卉金额为 5333.78 万美元，同比较 2011 年增长 9.21%，占全国出口总额的 21.5%。出口种苗花卉主要为切枝切叶切花，此外，还包括种子、苗木、种球、切花等。主要出口国家为日本、欧盟（荷兰、英国、意大利、法国）、澳大利亚、韩国、美国、印度、乌兹别克斯坦、巴基斯坦等，其中出口日本种苗金额达 5059.37 万美元，占出口总额的 94.86%。

其中，出口鲜切枝 / 叶 1507 批次、1.53 万吨、4917.30 万美元，批次与数量 2011 年基本持平，金额增长 8.78%，主要输往日本，少量输往韩国、荷兰。

（二）主要特点

一是出口规模逐年提升，增长速度快。自 20 世纪 80 年代以来，浙江种苗花卉出口从无到有，种类从少到多，数量从小到大，逐渐发展起来。云南、浙江、广东是全国三大种苗花卉出口强省，三省出口总额占全国三分之二以上。

二是出口种类丰富，出口前景广阔。浙江种苗花卉出口品种比较丰富，涵盖多个类别近百种植物材料，出口地区以日本、欧洲和东南亚为主。盆景、种苗为传统产品，常见的有佛手、黄杨、茶花、杜鹃等，具体品种较多，每年都会有一些新品种出现。植物切叶（枝条）是 1992 年后出现的一个增长亮点，并成为主要的增长点。2004 年开始有组培苗出口，而且出口的品种、金额增长较快，开拓了新的市场。2006 年开始出口具有自主知识产权的花卉种子，量虽然不多，但意义重大。近年来，随着萧山等地的容器苗和组培苗开始向国外批量出口，浙江出口种苗花卉更是呈多样化的趋势。

三是特色鲜明，切叶一枝独秀。杨桐铃木切叶和切花是浙江出口最大宗产品，占

进出境种苗花卉检验检疫与标准化建设
The entry-exit inspection, quarantine and standardization
construction of seed, nursery stock and flowers

总出口额的一半和四分之一左右。杨桐铃木是一种山林杂木，其叶片是日本祭拜仪式中不可缺少的佛花之舞，每年消费量在 3 亿束（每束 5 枝）。中国每年提供日本国内杨桐铃木占总需求量的 65%，浙江出口量占全国出口总量的 95% 左右。

四是具备多重优势，经营理念领先。浙江自然条件优良，气候适宜，资源丰富，素有"花木仓库"之称。木本方面，树形优美的树种有银杏、金钱松、竹柏、南方红豆杉等，叶花果观赏价值高的树种有佛手、杜鹃、槭树、小果冬青等。草本方面，浙江的宿根植物资源也极为丰富，适宜出口的植物很多。浙江地理位置优越，地处东部沿海地区，与主要贸易国日本隔海相望，海运出口非常便利。此外，浙江生产种苗花卉技术成熟，经营管理经验丰富，这些都是打入国际市场的有利因素。

三、浙江局对进出境花卉的检疫监管情况

浙江省近年来花卉产业的发展，对进出口花卉的检疫监管提出了新的要求。浙江出入境检验检疫局（下文简称浙江局）针对此情况，做出了一系列举措以确保花卉产品的顺利进出口，使得国门安全与企业利益都得到了良好的保障。

（一）浙江局对进口花卉的检疫情况

2010 年 12 月，国家质检总局新规定进口植物种苗必须从考核批准的进口植物种苗指定入境口岸进境，经调整后进口植物种苗指定入境口岸共 48 个，其中浙江口岸有两处，分别是杭州萧山国际机场以及宁波北仑港，承担浙江及周边地区进口花卉种苗的进境检疫工作。浙江局针对浙江省进口花卉检疫工作主要有三项。

（1）加强进境种苗指定口岸基础体系建设，加大人才培养、技术培训力度，积极开展集中查验、考察调研等活动。一方面通过人才引进培养、基础体系建设等措施，加强了自身检疫能力；另一方面通过会议交流等方式与企业进行了深层次的沟通，加强企业自身生物安全意识。同时，还通过考察调研等方式及时了解国外疫情，做出针对性举措保证国门安全。

（2）加强了进境植物种苗风险评估及技术法规措施研究，针对重点查验、检测有害生物进行研究，提高植物种苗疫情检出率。按照《进口植物种苗隔离检疫规范》、《境外输华种苗生产加工防疫条件及注册管理》、《进境植物种苗指定口岸管理规范》等一系列检疫技术法规建立了全方面、多层次的检疫监管体系。

通过由主要进口种苗种类，逐步发展到所有进口种苗种类的方式，进行有害生物风险评估。评估内容包括：①开展可传带有害生物风险评估，最终确定检疫性有害生物名单、限定的非检疫性有害生物名单；②继续开展 1999 年启动的进境植物繁殖材料风险评估，并与农林检疫审批及风险评估部门加强合作；③协调好与检疫审批单、口岸疫情截获相关信息的关系。

在有害生物风险评估基础上，开展重点查验、检测有害生物研究。通过考虑境外

疫情发生严重程度、检测最佳时间等综合因素，对昆虫、线虫等以外的病害确定针对性检测项目,并结合对疫情的深入评估了解,动态调整该检测名单,实施检疫风险监控。

（3）针对截获的检疫性有害生物或风险评估具有检疫意义的有害生物，及时填报"违规通报表"或"两岸农产品检验检疫不合格通报表"，以便国家质检总局对外通报。同时，针对其他有害生物开展疫情除害处理技术研究。

（二）浙江局对出口花卉的监管情况

种苗花卉出口是我国具有较强国际竞争潜力的朝阳产业。为进一步支持种苗花卉产业做大做强，根据国家质检总局关于出口农产品质量建设精神，浙江局针对出口花卉监管主要工作有以下三项。

1. 高度重视、积极引导

种苗及种业是农业发展的基础与关键，花卉业是前景广阔的朝阳产业，都是新的经济增长点，在出口市场上具有一定的优势。发展特色优势与劳动密集型的出口种苗花卉产业，对我国产业结构优化调整和发展现代农业具有重要意义。浙江局针对浙江省花卉产业特点——品种资源丰富和科研力量雄厚，积极推动出口种苗花卉示范建设，在出口企业注册登记基础上，加强与地方政府及相关部门、协会、企业等多方面的协调与合作，积极引导合力，整合多种资源，申请专项支持，努力搭建出口种苗花卉质量安全示范建设平台，扶持产业做大做强，帮助树立了一系列如虹越、森禾、传化等国内外知名花卉产业品牌的良好形象。

2. 规范体系、突出重点

浙江局会同地方相关部门，并结合出口种苗花卉产业升级与结构调整，着力推行以种植地为基础、加工包装出口为关键、标准化为核心的现代种苗花卉生产经营管理模式，大力推动种苗花卉生产加工规范化、标准化建设，推动建立企业产品质量管理体系、疫情疫病防控体系、安全风险预警体系、质量诚信体系，扶持产业做大做强。同时，针对出口种苗花卉生产技术含量高，检疫风险及遭遇国外技术性贸易壁垒风险大的特点，在出口种苗花卉监管过程中，将种苗繁育种植加工规范管理、疫情监测及防控处理、农业投入品安全管理、应急预警等作为重点内容。

3. 强化服务、创新模式

通过及时跟踪掌握出口种苗花卉示范建设出现的问题与困难，浙江局及时为出口花卉企业提供了相应技术指导与服务措施。结合本地产业特点，及时收集研究国外相关技术法规标准及调整动态，开展重大关键性技术的研发攻关，帮助企业开拓并稳定国外市场。要不断探索创新出口示范种苗花卉检验检疫监管模式，出台相应优惠便捷措施，简化程序，快速通关。

进出境种苗花卉检验检疫与标准化建设
The entry-exit inspection, quarantine and standardization
construction of seed, nursery stock and flowers

第三节　进出境种苗花卉存在的问题

一、我国进境种苗花卉存在的问题

近年来，随着我国花卉产业大力发展，进口种苗花卉的数量也日益增长，在带来巨大经济效益的同时，我们也应看到其存在着不少问题与隐患。

（一）外来生物入侵的潜在风险

外来生物入侵，是对于一个特定的生态系统与栖息环境来说，非本地的生物（包括植物、动物和微生物）通过各种方式进入此生态系统，并对生态系统、栖境、物种、人类健康带来威胁的现象。到目前为止，国内尚没有外来入侵动植物种类的系统报道，据有关文献查证，目前，已知我国至少有 300 种入侵植物。其中不乏如一枝黄花这类当时引种进入我国作为观赏用途，最终却演变为恶性杂草的植物。如何对贸易性引种做好风险分析工作，并统一进行管理，减少因这类引种带来外来生物入侵的潜在风险已成为了我进口花卉种苗的一大问题。

（二）传带外来有害生物风险

在进境种苗批次、数量下降的 2012 年，在进境种苗中共截获有害生物 40 多种、400 多种次，非检疫性有害生物近 700 种，11000 多种次。如此巨大的数据，足以使我们在花卉产业迅猛发展的同时，敲响警钟。尽管我国目前已实现进口种苗指定口岸制度，但是传带外来有害生物风险仍然存在，并且将在今后的很长一段时间内存在。

（三）后续监管缺失

目前，我国尚未对进口种苗，建立起完善的后续监管制度。部分种苗企业，存在着管理混乱，有害生物危害认识缺乏，法律意识淡薄的问题，使得种苗进入我国后，流通过程复杂且不可控制，使我国进口花卉种苗存在着巨大隐患。一旦此类有害生物爆发，将造成巨大的损失。

二、我国出境种苗花卉存在的问题

（一）产品病虫害种类多、多发严重

据调查，花卉生产期间的主要虫害有蓟马、红蜘蛛、蚜虫、斑潜蝇、菜青虫；病害主要有白粉病、灰霉病、霜霉病、根肿病、叶斑病、骷髅病、细菌病害、锈病、线虫病害等。在出口检疫时，病虫害检出率较高的花卉有玫瑰、菊花、满天星、彩星、洋桔梗等，检出率较低的花卉有非洲菊、一品红、勿忘我、百合、唐菖蒲、寒丁子、天竺葵、郁金香及其他杂花品种等。

（二）国外植物检疫要求越来越严

随着我国花卉出口量的增加，为了保护花卉业的发展和花农的利益，一些国家对进口花卉均提出了不同的检验检疫要求，如日本、韩国、西班牙、印度尼西亚、菲律宾等国家，要求中方花卉不得带土壤和活害虫，并出具官方"植物检疫证书"；日本（东京、名古屋、冈山、福冈等口岸）、韩国（仁川等口岸）、英国、法国（巴黎口岸）、阿联酋（迪拜口岸）、菲律宾等要求花卉出口前需用溴甲烷密闭熏蒸，并提供官方"植物熏蒸证书"；新加坡、泰国、马来西亚、巴基斯坦、印度尼西亚和中国的香港和澳门等要求出具货物通关单。

（三）多数出口种苗花卉企业规模较小，发展水平普遍较低

年出口货值超 1000 万美元企业在全国仅有 3 家，超 100 万美元企业 79 家。产品结构低端化、供应市场单一化、生产经营家庭化、区域分布分散化的现象普遍存在，没有形成有组织力的行业协会管理。种苗花卉生产经营的标准化、规模化水平普遍不高，市场组织程度不高，知识产权保护能力和国际市场开拓能力明显不足，甚至在一定范围内存在无序竞争、低价竞争等行为。

同时，近年来物种资源开始受到我国政府及社会的高度关注，党和国家领导人曾多次作出重要批示。2010 年成立"国际生物多样性中国国家委员会"，2011 年更名为"中国生物多样性国家委员会"。先后制定了《全国生物物种资源保护与利用规划纲要》、《中国生物多样性保护战略与行动计划（2011—2030 年）》、确定了《中国生物多样性保护战略与行动计划（2011—2030 年）任务分工》和《联合国生物多样性十年中国行动方案》。如何在种苗花卉的出口的同时，保护我国物种资源，也将成为下阶段我国出口种苗花卉的新问题。

三、进出境种苗花卉携带有害生物概述

与进出境种苗花卉贸易蒸蒸日上相伴而生的，是病虫害及外来物种入侵问题不断

进出境种苗花卉检验检疫与标准化建设
The entry-exit inspection, quarantine and standardization
construction of seed, nursery stock and flowers

出现。种苗花卉生产不可避免会碰到病虫害问题，而种苗花卉作为一种观赏产品，一旦感染病虫，其观赏价值部分或全部丧失，将造成较大的经济损失。国内种苗花卉常见害虫有：地上害虫——蚜虫、白粉虱、螨虫、潜叶蝇、蛾类、蓟马等，其主要的特点是寄生于种苗上，靠吸食植株的汁液生存。这类害虫不仅会影响种苗的生长，更会导致种苗病害交叉感染和传播。地下害虫是一大类长期生活在土壤中的害虫，主要危害幼根、嫩叶、茎及播下的种子，有蝼蛄、蛴螬、地老虎、金针虫等。种苗花卉病害主要有白粉病、叶斑病、炭疽病、煤污病、锈病、疫病、软腐病、根腐病、病毒病等。为害种苗花卉的植物线虫主要是根结线虫、剑线虫、毛刺线虫、滑刃线虫等。我国每年在大量引进各类种苗花卉的同时，也为有害生物提供了更多传入的机会，这些有害生物的传入，不仅会给我国种苗花卉生产带来很大影响，而且也会给我国农业的安全造成严重威胁。花卉种苗携带的有害生物种类繁多，包括真菌、细菌、线虫、病毒、昆虫、螨类、杂草等，其中包括具有重要检疫性的病菌、害虫、杂草等。蔗扁蛾、菊花叶枯线虫、加拿大一支黄花、含羞草、圆叶牵牛等入侵生物的泛滥，都是引进种苗花卉传带有害生物的实例，甚至是引进种苗花卉逸生野外变成有害生物的实例。究其原因，花卉作为植物繁殖材料，极易携带危险性外来有害生物，如遇合适条件，有害生物就会在国内定殖、扩散甚至爆发成灾；而且许多引进的植物本身就是外来物种，特别在引进花卉品种时人们往往将生命力强、繁殖快、抗病虫害等特征作为引种的重要参考指标，它们极易逸生农田或野外并建立种群，成为破坏当地生态环境的外来入侵种。据"生物多样性公约组织（CBD）"报告显示：外来生物每年给美国造成的损失是1366亿美元、印度1170亿美元、巴西为500亿美元、南非70亿美元。我国是遭受外来入侵物种危害最严重的国家之一，在国际自然保护联盟公布的全球100种最具威胁的外来生物中，我国就有50余种。外来林木害虫指外来有害生物中与木材、木包装上有关的害虫。近年来在我国，外来林木害虫如松材线虫、红脂大小蠹、湿地松粉蚧、美国白蛾等森林入侵害虫每年发生与危害的面积达150万公顷左右。而像美洲斑潜蝇、马铃薯甲虫等其他有害生物的入侵，每年严重发生的面积达到140万～160万公顷。豚草、紫茎泽兰、飞机草、薇甘菊、空心莲子草、水葫芦、大米草等一些外来杂草肆意蔓延，已经到了难以控制的局面。外来有害生物一旦入侵成功，要彻底根除极为困难，而且用于控制其危害、扩散蔓延的代价极大，费用昂贵。在我国，几种主要外来入侵物种造成的经济损失平均每年达五百多亿元。

四、进出境种苗花卉检疫技术发展现状及方向

（一）检疫检测技术

植物有害生物诊断鉴定的方法主要有病理学或症状学、病原学或形态学、生理生化学、物理学、血清学、分子生物技术以及最新的一些检测技术等。

1. 病理学或症状学检验

病理学或症状学检验主要对植物体的表观和解剖症状进行检查，由此做出病害诊断初步结论。植物病害症状可是直接观察或借助于解剖镜／显微镜观察。鉴别寄主检测主要用于鉴定植物病毒和一些细菌病原物，将不同病毒或细菌接种到鉴别寄主植物上可以产生特定不同的症状，根据症状特点即可判断病原物的存在与否和种类。

2. 病原学或形态学

病原学或形态学检测是对植物进行组织培养，分离、纯化可能感染的病原物，借助于光学或电子显微镜观察病原物的形态，由此做出病原物形态学诊断结果的方法。对于有些植物病原物，如真菌的孢子、细菌菌体和线虫等，可以用洗涤方法洗下来，直接或经过离心分离后镜检观察；对于混杂在样品中的害虫和杂草种子，可以直接观察，就可做出其形态特征鉴定。

3. 生理生化检验

生理生化检验是通过生物体或其代谢产物与某些化学物质及试剂的特殊反应类型如（显色、产气、产酸等）来鉴定细菌、病毒等病原物和某些寄生虫。

4. 物理学检验

物理学检验主要是比重检验，一般用于检测粮食和种子中携带的病虫和杂草种子。由于病虫为害的粮食砒粒、昆虫虫体和杂草种子比正常健康的粮食籽粒的比重轻，将检测样品放入一定浓度的食盐水或其他溶液中，它们就会漂浮在溶液上面，捞取漂浮物进行解剖和镜检，就可以鉴定有害生物的种类。另外，还有温度试验（如病毒的致死温度）等方法。超声波和X射线等也用来检查诊断粮食中的害虫和动物疫病。

5. 血清学和免疫学检验

血清学和免疫学检验是根据动、植物的血清免疫反应机制，利用抗原和抗体间的特异性结合现象研制出特定的血清试剂，由此诊断动、植物是否携带病原体或有相应的抗体存在。现在广泛应用的有酶联免疫吸附试验（enzyme-linked immunosorbent assay，ELISA）、免疫荧光抗体检测（immnunoflorescence antibody test，IFA）、琼脂双扩散法（double diffusion）、放射性免疫测验（radioimmunoassay，RIA）、免疫电镜检测（immuneelectron microscopy，IEM），免疫印迹试验（immunoblotting test，IBT）、免疫沉淀试验（immunoprecipitation test）和免疫胶体金检测（colloidal gold immunoassay，CGIA）等。

6. 分子生物学检测

分子生物技术检测是近年来应用分子生物学和生物技术的发展而生的生物鉴定技术，在植物检疫检验研究中已经有大量的应用，在检疫实践中也已开始应用于真菌、细菌、病毒、线虫、昆虫和杂草等的诊断鉴定。生物技术检测技术的应用使植物检疫跨上了快速性和准确性的新台阶。目前，可用于植物检疫分子生物学诊断技术有聚合酶链式反应（polymerase chainreaction，PCR）、限制性片段长度多态性（restriction fragment length polymorphism，RFLP）、核酸杂交测试（nucleci acid hybridization）、随机扩增多态性DNA（random amplified polymorphic DNA，RAPD）和DNA序列测定（DNA sequencing）等。

进出境种苗花卉检验检疫与标准化建设
The entry-exit inspection, quarantine and standardization
construction of seed, nursery stock and flowers

7. 纳米荧光技术检测

近年来，纳米新材料、新技术的出现在植物病害富集和分离、信号放大等环节为植物疫害检验带来新的突破和提高；纳米材料和现有检测技术的结合，将使整个检测体系呈现出与以往不同的特性和功能，更预示着基于新颖物理原理的植物病害检测技术的诞生。

（二）检疫处理技术

植物检验检疫处理是针对检疫危险性有害生物，对不符合检疫要求的检疫物（应检物）进行除害防疫的有效手段，是植物检验检疫的重要环节。检疫处理有化学药剂熏蒸、热处理、冷处理、速冻处理、辐照处理和药剂浸渍或喷雾处理等方法。

1. 化学药剂熏蒸处理

目前，国内外在检验检疫中应用最广的是化学药剂熏蒸处理法。在熏蒸杀死害虫的过程中，导致害虫死亡的最重要因素是温度、害虫接触药剂浓度和害虫在这一浓度药剂中的暴露时间。在温度不变的情况下，起决定作用的是害虫接触的药剂浓度和暴露时间的乘积，简称浓度时间积。这里所述的药剂浓度是指害虫接触的药剂实际浓度，而非投药量除以熏蒸空间的体积。许多国家在使用溴甲烷进行熏蒸处理时，都以溴甲烷的浓度时间积作为熏蒸处理的标准，采用这样的标准化熏蒸方法进行检验检疫处理才能获得安全稳定的处理效果。

熏蒸处理分熏蒸箱熏蒸、室内熏蒸、野外帐幕熏蒸和真空熏蒸等几种，其原理基本上是一样的，就是在能控制的场所、用塑料布覆盖以及能密闭的房间及各种容器内进行毒气杀虫、灭菌，这是植物检疫处理过程中常用的一种处理方法。它们优点在于熏蒸剂的渗透性强，对潜伏在植物体内或隙缝内的害虫，一般杀虫剂是很难于发挥毒效甚至无效，而熏蒸剂确能杀死它，且消毒过程快，可一次处理大量物体。这比喷雾、喷粉、药剂浸泡等快得多。货物的集中处理，药剂费用和人工费用都较节省。另外，熏蒸散毒后，气体容易溢出，不像一般杀虫剂、杀菌剂残毒问题严重。

目前，我国能成批生产的熏蒸剂主要有磷化铝、溴甲烷、硫酰氟三种熏蒸剂，它们是以固体、液体状态转变成气体状态，要通过昆虫的呼吸系统进入体内而产生杀虫作用。熏蒸的效果除药剂本身理化性能外，也受密闭状况、温度、压力以及被处理材料的种类、害虫生态、病菌类型等多种因子的影响，因此，要针对各种具体情况采取合适的处理方法，如要对花卉类种子上的一般害虫进行处理，当温度为 21℃ 以上时应采取剂量为 32g/m³ 的溴甲烷在常压下密闭熏蒸 2.5 小时，而当温度为 15～20℃ 时应采取剂量为 48g/m³ 的溴甲烷在常压下密闭熏蒸 2.5 小时；如要对花卉类种子上的谷斑皮蠹（*Trogoderma granarium*）进行处理，冬天时应采取剂量为 48g/m³ 的磷化氢在常压下密闭熏蒸 2 小时，而夏天则应采取剂量为 16g/m³ 的磷化氢在常压下密闭熏蒸 2.5 小时。

具体各种熏蒸处理的方法是：

（1）熏蒸箱处理。适宜小批量样品的处理或药剂浓度的选择实验。其方法是用夹层（厚3.5 cm）的三合板制成，容积可自定，一般为1m³，内壁用0.16 mm厚的无色聚乙烯薄膜密封（包括箱盖），箱内置处理样品。箱外任一侧的右上角和中部可各开一圆孔（用磷化铝则可不开孔，圆孔直径为10 cm），用相同直径的塑料管两根，将其一端分别通过圆孔，置于箱内、箱外的另一端口；右上角的一根接熏蒸剂钢瓶接头，中部的一根可接溴甲烷测定容器接口（投药、检测后，需用夹子夹紧），最后，将箱盖合上，箱盖四周，塑料管与各圆孔接触处均用胶泥封涂。按所需药量用台秤正确称量后徐徐投药，处理时间按要求进行，结束后，迅速开启箱盖，待充分散气后，取出样品检查效果。

（2）真空熏蒸处理。这是应用ZX-350型真空熏蒸消毒机，在常温条件下，真空度为730～740 mm汞柱时，使用溴甲烷或硫酰氟进行熏蒸的一种方法，可将潜藏在种子内的小蜂类、豆象类害虫杀死，而对种子的发芽无明显影响。真空熏蒸处理实际上是减压熏蒸，它安全、快速、有效，但在我国植物检疫工作中尚处在试验阶段。

（3）室内熏蒸处理。处理方法类似熏蒸箱处理。

（4）野外帐幕熏蒸。处理前，应将被处理的物品按帐幕的大小，堆成剁堆，各剁堆周围开一宽30 cm、深20 cm的小沟，沟内横置放管两根（长30 cm，直径5 cm），将足够长度的塑料管2根，分别通过竹管、置于垛堆的上部和中部（投磷化铝时，可不设塑料管）。塑料管的另一端，上部一根接熏蒸剂钢瓶接头，中部的一根接甲烷测定容器接口（投药、检测后，需用夹子夹紧）。将0.16 mm厚的无色聚乙烯帐幕小心覆盖在各垛堆上面，如有破坏，应及时用胶布等封粘。帐幕四周应置于沟内，上面用湿土紧紧压实（如遇到不易开沟的水泥地面时，可改用袋装沙子等来压实）。帐幕的四周用固定的铁钉上的绳索拉紧，用卷尺正确丈量帐幕覆盖之体积，按照要求以便计算。

2. 低温处理

低温处理有速冻和冷处理两种形式，速冻是在-17℃或更低的温度下急速冰冻被处理的农产品来控制害虫的一种方法，冷处理是指应用持续的不低于冰点的低温来控制害虫的一种处理方法，分冷藏库处理和集装箱冷处理。低温处理常用来那些由于害虫的原因而不能进口的产品，尤其是水果和蔬菜产品中的害虫，如地中海实蝇、按实蝇、墨西哥实蝇等。

3. 热处理

热处理分蒸汽热处理、热水处理和干热处理三种方法：

（1）蒸汽热处理

蒸汽热处理是利用热饱和水蒸气使农产品的温度提高到规定的要求，并在规定的时间内使温度维持在稳定状态，通过水蒸气冷凝作用释放出来的潜热，均匀而迅速地使被处理的水果升温，使可能存在于果实内部的实蝇死亡。蒸汽热处理主要用于控制水果中的实蝇。

（2）热水处理

热水处理可防治多种生物，主要有线虫、病害、某些昆虫和螨类，多用于对鳞茎上的线虫和其他有害生物以及带病种子的处理。如处理含有滑刃属线虫（*Aphelenchoides* spp.）的百合鳞茎就是将其浸在 43.3℃ 的热水中 60 小时。有些处理方法提倡在热水中加入杀菌剂或湿润剂。福尔马林常常作为杀菌剂与热水混合处理鳞茎（40% 的甲醛 1 ： 200），在热水中可以更有效杀死线虫。

（3）干热处理

干热处理一般在烤炉或烤箱里进行，将被处理的物品置于 100℃ 下 1 小时。这种方法的关键是使受处理的材料内部达到特定的温度，并保持到需要的处理时间。当被处理物内部温度达到处理温度时，开始计算处理时间。干热处理的方法应用有局限性。这种方法可以杀死引起植物病害的病原生物，但受害的植物材料要能承受较高温度处理。干热处理还没有成功用于生活的植物材料。但甘薯是例外，据报道，将甘薯加热到 39.4℃ 30 小时，对于清除根结线虫是个成功的方法。用同样的温度和时间，干热处理不如热水处理或蒸汽处理的效果好，因为病原体似乎在水分存在下更易被杀死。

4. 微波加热杀虫

微波杀虫是一门新兴的技术，特别适合邮检、旅检的除害处理工作需要。方法是对随机抽取的种子样品置于微波炉载物盘上摊开，然后开机进行不同处理温度和时间的杀虫处理，在达到预定处理温度后停机。待停机 24 小时后，检查灭虫效果。

利用微波加热灭虫与种子发芽是有矛盾的，温度越高杀虫越彻底，对种子发芽率影响越大；在一定温度条件下，持续处理时间越长，杀虫效果越好，对种子发芽越不利。因此，在利用微波灭虫时，既要考虑杀虫效果，又要顾及到种子的发芽。目前，多采用的是 ER-629 型和 WMO-5KW 微波炉灭虫，它具有速度快、效果好、无残毒、无污染、操作简便等优点；但也有不足之处，如处理的种子不多（100～200g）、种子受热不均匀、被处理种子的发芽率等问题，都需要进一步研究。

5. 辐射处理

由于在很多国家由于化学药剂对使用者和消费者的致癌性，及利用这些药剂作为检疫处理的熏蒸手段不再允许使用，如近期对溴甲烷禁用的呼声就很高，因为它能破坏大气中的臭氧层，再加之热处理方法还存在不少问题，如处理过的水果，加快了它的成熟和易于腐烂等。而辐射处理作为检疫处理的手段不存在上述任何问题。它处理时间短，只要 10～20 分钟即可，无残毒，能完全保证质量。既降低成本、提高效益，又大大提高辐照对害虫寄主（水果、蔬菜、种子等生活材料）的安全性。辐照杀虫需要时间短（一般仅需 20 分钟左右），处理时不需拆包，不受温度影响，对寄主安全，没有残留和环境污染问题，是一种很有前途的杀虫方法。辐射处理常用的有 γ 射线、X 光、红外线、紫外线、无线电波等。目前较常用的是水果蔬菜 γ 射线低剂量辐照处理，该方法能引发害虫不育或缓慢死亡。辐射处理在我国起步较晚，有关的研究工作始于 20 世纪 80 年代中期，至今仅对部分检疫性害虫和果类害虫的辐射剂量进行研究和报道。

6. 药剂浸渍或喷雾处理

药剂处理由于费时费力，还容易产生残留或药害而不为植物检疫所首选。但是对于许多植物病害，药剂处理还是一种效果较好的处理方法。如对于兰花的锈菌病菌（*Hemileia* spp.）、叶斑病菌（*Phylloticta* spp.）、*Leptosphaeria* spp.、*Mycosphaerella* spp. 等有害生物，用波尔多液浸沾或喷雾消毒植株，或用80%可湿性克菌丹粉剂水溶液处理均可达到较好的处理效果。

7. 溴甲烷检疫熏蒸处理替代技术研究

溴甲烷（methyl bromide）作为一种广谱性熏蒸剂，同时具有良好的穿透性能、扩散迅速、一般植物能容忍、对昆虫毒性高等特性，所以是植物检疫较好的熏蒸剂，作用明显。作为一种农产品熏蒸剂，溴甲烷在使用后有30% ～ 85% 最终进入大气，破坏臭氧层。因而被联合国环境保护组织（UNEP）列为限控物质，保护臭氧层的国际公约《蒙特利尔议定书》哥本哈根修正案已将溴甲烷列为受控物质，发达国家2005年，发展中国家2015年后将禁止使用。另外溴甲烷沸点为3℃，在3℃以下不能气化，而我国大部分地区进入冬季后均温较低，需要在熏蒸库配备加热装置来达到检疫熏蒸的目的，费时费力。因此，尽快寻找溴甲烷检疫熏蒸替代药剂和技术，就成为一项十分有意义的工作。

硫酰氟（F2SO2）在国内是一种新型熏蒸剂，其优点在于：

（1）不破坏臭氧层。

（2）使用温度下限低，穿透力强，无需额外加热装置。

（3）稳定，无爆炸、腐蚀危险，对金属、橡胶制品和电子仪器安全。（溴甲烷对铝有腐蚀作用）。

（4）高效广谱。

（5）已证实对大豆、绿豆、黑豆、黄瓜、茄子、大白菜等十余种种籽发芽率无影响。

有研究表明，硫酰氟在替代溴甲烷用于土壤熏蒸、建筑熏蒸、种子处理等方面有着较好的前景。但目前关于硫酰氟处理花卉种苗、种球的研究很少，乃至关于在检疫熏蒸处理方面溴甲烷替代的研究也很少，实践表明，在对花卉种子检疫处理方法要求日益增加的今天，加强这方面的实验研究，摸索出对不同花卉种子、不同有害生物的标准处理方法就显得十分必要。

02

企业及个人进出境种苗花卉检疫监管程序及要求

进出境种苗花卉检验检疫与标准化建设

THE ENTRY-EXIT INSPECTION, QUARANTINE AND STANDARDIZATION CONSTRUCTION OF SEED, NURSERY STOCK AND FLOWERS

进出境种苗花卉检验检疫与标准化建设
The entry-exit inspection, quarantine and standardization
construction of seed, nursery stock and flowers

第一节　进境种苗花卉检疫监管程序及要求

依据《中华人民共和国进出境动植物检疫法》及其实施条例等法规规章的要求对进境种苗花卉进行检疫监管。

进境种苗花卉检疫监管一般程序：

检疫审批→备案和调离→报检及口岸检疫→后续监管。

一、检疫审批

进境种苗的货主、代理人应在进境前向负责种苗花卉检疫审批的机构办理进境种苗花卉的检疫审批手续。邮寄或携带种苗花卉进境，因特殊原因无法事先办理的，应当在口岸补办检疫审批手续。鲜切花不需检疫审批。

负责种苗花卉检疫审批的机构有：国家质检总局、当地农业或林业行政主管部门。

《中华人民共和国进境植物检疫禁止进境物名录》内所列禁止进境物的检疫审批由国家质检总局负责，又称"特许审批"。该名录的最新信息可在互联网上查询，目前该名录中与种苗花卉相关的有：来自特定国家的玉米和大豆种子；马铃薯块茎及其繁殖材料；榆属苗和插条；松属苗及接穗；橡胶属芽、苗及籽；烟属繁殖材料；小麦（商品）；水果及茄子、辣椒、番茄果实。

禁止进境物名录以外的种苗花卉检疫审批由当地农林主管部门负责。进境种苗花卉为濒危野生动植物保护物种的，如兰花、仙人掌等，收货人应向当地林业厅濒危物种管理办公室提出申请，取得国家林业局签发的允许进出口证明文件。

进境种苗花卉需携带栽培介质进境的，应向介质使用地检验检疫局提出申请，办理进境栽培介质检疫审批手续，取得国家质检总局签发的《中华人民共和国进境动植物检疫许可证》。

二、备案和调离

（一）备案

1. 进境种苗花卉收货人，应事先向进境种苗隔离种植地检验检疫局提出备案申请，经检验检疫局审核，进口种苗花卉企业确实建立起了有效的进口种苗花卉质量管理体系的，获得进境种苗花卉的备案资格。

有效的进口种苗花卉质量管理体系的基本要求是：

(1) 收货人书面承诺对进口种苗花卉的质量负责。

(2) 建立了有效的有害生物防控制度、植保员管理制度、溯源管理制度、人员培训制度。

(3) 配备了符合要求的进口种苗花卉隔离种植基地、有害生物防控设施及药剂。

(4) 有害生物防控等关键岗位上配备了能力相当的人员,确保质量管理体系运行有效。

2. 取得备案资格的收货人应在每批种苗花卉进境前 10 ~ 15 日到隔离种植地检验检疫局办理进境批备案手续。

(二)调离

当进境口岸与隔离种植地分属不同的检验检疫局管辖的,收货人应到种植地所属的直属检验检疫局,办理进境种苗花卉的调离手续。

三、报检及口岸检疫

1. 报检

根据国家质检总局《关于采取进口植物种苗指定入境措施的公告》要求,进境植物种苗应从总局指定的入境口岸进境,办理报检手续。指定口岸名单由总局统一发布。

如目前浙江指定的进境种苗口岸有:杭州萧山国际机场及宁波北仑港。如要进口罗汉松,目前只能从以下口岸进境:广东德勒流港、佛山南海港、番禺莲花山、和宁波北仑港。

2. 口岸检疫

口岸检验检疫局通过核查货证;检查运输工具、集装箱、货物包装及种苗花卉,对进境种苗花卉实施现场检疫,视情况抽样送实验室检测鉴定。

经检疫及检疫处理合格的,由口岸检验检疫局签发《入境货物检验检疫证明》,货物予以放行。

下列情形之一的,由检验检疫机构作退回或销毁处理:

(1) 未按规定办理检疫审批或不符合检疫审批规定的;

(2) 单证不全的;

(3) 经检疫不合格且无有效处理方法的;

(4) 其他需作退回或销毁处理的情况。

四、后续监管

隔离种植地检验检疫局负责进境种苗隔离种植期间的后续监管工作,后续监管工作包括以下五个方面:

(1) 要求引种单位根据要求开展隔离种植。一般草本植物应隔离种植一个生长周期,木本植物须隔离种植 2 ~ 3 年。

进出境种苗花卉检验检疫与标准化建设
The entry-exit inspection, quarantine and standardization
construction of seed，nursery stock and flowers

（2）要求引种单位建立完善的追溯体系，如实、完整记录种苗花卉隔离种植等情况。所有台账至少保存 3 年。

（3）要求引种单位将隔离种植情况及时报告隔离种植地检验检疫局。

（4）种植地检验检疫局对进境种苗花卉种植过程中有害生物发生情况开展调查。

（5）现场检疫、隔离种植及疫情调查时发现重大植物疫情的，检验检疫部门按国家质检总局有关进出境重大植物疫情应急处置预案要求进行处置。

第二节　出境种苗花卉检疫监管程序和要求

出口种苗花卉的程序：出境的种苗花卉生产加工经营企业的注册登记→种植期间的监管→濒危物种的审批或输入许可证的办理→报检及出口检疫。

一、注册登记

根据国家质检总局的要求，从 2007 年 12 月 1 日起，对出境种苗花卉实施注册登记制度，要求出口种苗花卉生产加工经营企业只有取得注册登记资格，才能从事出境种苗花卉的生产加工经营业务。

因科研等特殊需要，临时出口少量种苗花卉的，应向检验检疫部门提供科研项目等相关说明材料。

注册登记流程：

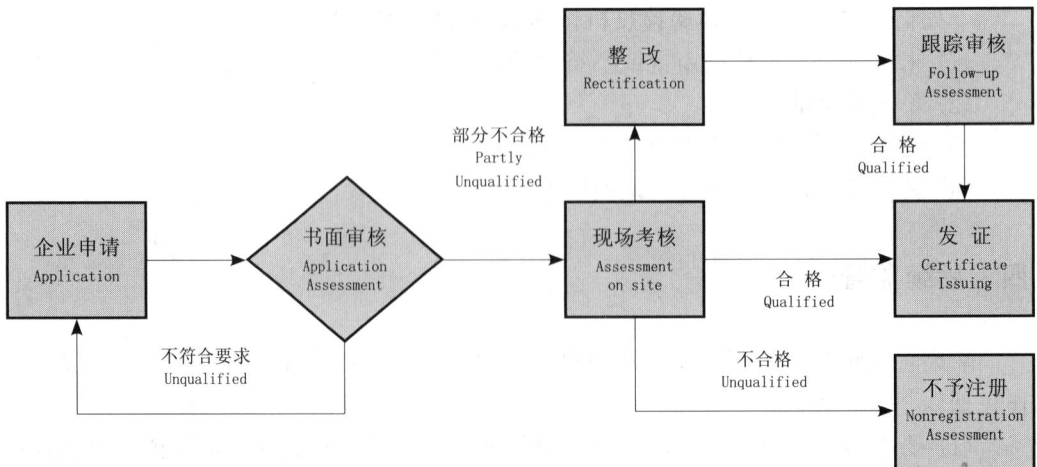

种植基地所在地的检验检疫局通过注册登记程序，帮助出口种苗花卉企业建立起有效的出口种苗花卉质量管理体系。企业获得注册登记资格应具体以下四个的基本条件：

(1) 收货人书面承诺对进口种苗花卉的质量负责。

(2) 建立了有效的有害生物防控制度、植保员管理制度、溯源管理制度、人员培训制度。

(3) 配备了符合要求的出口苗花卉种植基地，有害生物防控设施及药剂。

(4) 有害生物防控等关键岗位上配备了能力相当的人员，确保质量管理体系运行有效。

二、种植期监管

种植基地所在地的检验检疫局负责出境种苗花卉种植期间的监管工作。为确保企业出口种苗花卉质量管理体系持续有效运行，种植期间监管工作包括以下五个方面：

(1) 进口国有明显种植时间要求的，出口种苗花卉的种植时间必须符合出口国要求，如输往欧盟的盆栽植物种植时间至少 2 年。

(2) 出口种苗花卉生产加工经营企业建立完善的追溯体系，如实、完整记录种苗花卉隔离种植等情况。所有台账至少保存 2 年。

(3) 要求出口种苗花卉生产加工经营企业应及时将出口种植花卉的有害生物发生等情况及时报告隔离种植地检验检疫局。

(4) 种植基地所在检验检疫局对进境种苗花卉种植过程中有害生物发生情况开展调查。

(5) 种植期间或疫情调查时发现重大植物疫情的，检验检疫部门按国家质检总局有关进出境重大植物疫情应急处置预案要求进行处置。

三、濒危物种的审批或输入许可证的办理

出境种苗花卉为濒危野生动植物保护物种的，如银杏、水杉等，发货人应向当地濒危物种管理办公室提出申请，取得国家林业局签发的允许进出境证明书。种苗花卉进口国／地区官方对输入的种苗花卉有进境许可要求的，出口种苗花卉生产加工经营企业应提前要求国外进口商办好许可文件，并将许可信息告知检验检疫部门，以便按检验检疫部门按进口国／地区的最新要求实施检疫监管。

四、报检及出口检疫

货主（代理人）必须到种苗花卉种植基地所属的检验检疫局办理出境种苗花卉的报检手续，只有经检疫（检疫处理）合格的种苗花卉方能出口。种苗花卉种植基地所

属的检验检疫局负责出口种苗花卉的出口检疫工作。

报检及出口检疫流程：

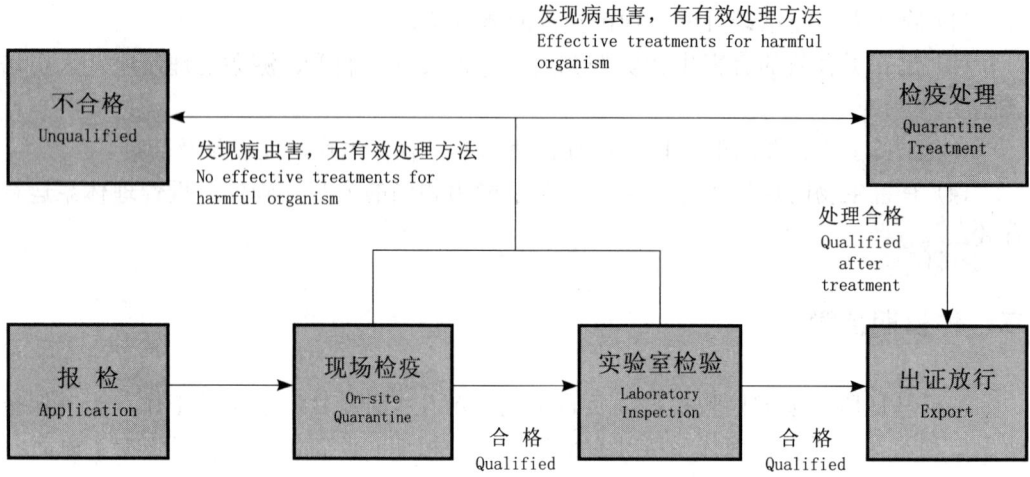

03

主要进境种苗花卉检验检疫及携带有害生物的防控技术

进出境种苗花卉检验检疫与标准化建设

THE ENTRY-EXIT INSPECTION, QUARANTINE AND STANDARDIZATION CONSTRUCTION OF SEED, NURSERY STOCK AND FLOWERS

进出境种苗花卉检验检疫与标准化建设
The entry-exit inspection, quarantine and standardization
construction of seed, nursery stock and flowers

第一节　主要进境种苗花卉检验检疫

一、进境盆栽观赏植物检验检疫

（一）现场检疫

1. 核对品名、品种、批号、数量、唛头等是否与申报相符。

（1）和申报品名、品种、批号不符的，有未申报物的，退运或销毁。

（2）实际数量超过申报的，超过部分退运或销毁；实际数量少于申报数量的，查明原因。

（3）货单相符的，进入以下查验程序。

2. 包装、铺垫材料、集装箱检查有无黏附土壤、害虫及杂草籽等。

3. 盆栽观赏植物查验

（1）单位以批为单位检疫，无批号标志的以品种或类别为单位。

（2）查验内容。重点检查根部是否带有土壤，是否有明显病症、病状；地上部分是否有病斑、畸形、矮化、害虫、介壳虫、螨类、软体动物和其他异常；芽眼处是否有腐烂、肿大、干缩等异常；叶部是否有花叶、病斑、畸形、霉层等病症和病状。

（3）查验数量及方法。5%～20% 随机抽检，如有需要，加大抽查比例。最低抽检数量不少于 10 件，且不少于 500 株（盆）。

（4）栽培介质检查。是否带有土壤、害虫、杂草籽、软体动物和植物残体等。

4. 抽样

（1）方法

以批为单位抽取，无批号的以品种或类别为单位。以异常株为重点，兼顾适量的正常株。确保样品的代表性。植株所带介质，随植株一起抽取。

（2）数量

① 50 株（盆）以下——————————1 份；

② 51～200 株（盆）——————————2 份；

③ 201～1000 株（盆）——————————3 份；

④ 1001～5000 株（盆）——————————4 份；

⑤ 5001 株（盆）以上，每增加 5000 株（盆）增取 1 份，不足 5000 株（盆）的余量，计取 1 份。

每份样品 5 株（盆）。

5. 样品和现场检查出的需进一步检验、鉴定的材料如害虫、怀疑带疫盆栽观赏植物等送实验室检验。

6. 填写现场检疫记录。

7. 现场检疫未发现可疑有害生物，在检验检疫机构同意的地点隔离观察 3～5 天。

（二）实验室检验检疫

1. 检疫方法

（1）有标准规定的，按照有关国家标准、行业标准检疫鉴定。

（2）无具体标准的根据目标有害生物的生物学特性，参考以下方法进行检疫鉴定：

① 昆虫：直接镜检法、染色法、加热法、比重法等。

② 真菌：洗涤法、吸水纸培养法、琼脂培养基培养法、血清学和分子生物学等。

③ 细菌：生化反应法、细菌分离培养法、过敏性反应、噬菌体检验法、血清学和分子生物学检验法等。

④ 病毒类：生物学检验法、血清学检验法、分子生物学检验法等。

⑤ 线虫：直接观察分离法、染色法、漂浮法、过筛法、混合器—贝曼漏斗法等。

⑥ 杂草籽：直接镜检法等。

2. 出具实验室检验报告。

3. 样品保存

未发现疫情的，不保存样品；发现疫情的，制成标本或影像资料保存。

（三）结果评定与出证

（1）口岸检疫未发现有害生物，作放行处理，出具《入境货物检疫证明》。

（2）发现土壤的，作退运或销毁处理。出具《检疫处理通知单》。

（3）发现进境植物检疫性有害生物、政府及政府主管部门签订的双边协议、协定、备忘录和议定书和其他有检疫意义的有害生物，有有效处理方法的，进行除害处理，出具《检疫处理通知单》。无有效处理方法的，作退运或销毁处理，出具《检疫处理通知单》。

（4）需对外索赔的，出具《植物检疫证书》。

（四）归档

（1）文案归档：检验检疫结束后，应及时将在整个检验检疫过程中形成的文案资料按以下类别进行整理归档：

① 入境货物报检单及相关的检验检疫流程记录。

② 检验检疫机构出具的证单和证稿类的留存联：如入境货物通关单、入境货物检验检疫证明、植物检疫证书等。

③ 检验检疫鉴定原始记录类：如现场检验检疫记录单、监管记录、疫情鉴定记录等。

进出境种苗花卉检验检疫与标准化建设
The entry-exit inspection, quarantine and standardization
construction of seed, nursery stock and flowers

④ 官方或国外公证机构出具的证明类证单：如进境动植物检疫许可证、输出国或地区官方植物检疫证书、产地证书、品质证书等。

⑤ 货物及运输类单证资料：如合同或信用证、发票、提／运单、装箱单等。

⑥ 货主声明或证明类单证：如代理报检委托书（仅适用于代理报检时用）、非木质包装证明（限于来自美、日、韩、欧等国的货物）。

（2）检测机构对有害生物标本、图片、影像等资料妥善保存。

（五）依据

（1）《中华人民共和国进出境动植物检疫法》

（2）《中华人民共和国进出境动植物检疫法实施条例》

（3）国家检验检疫局 1999 年第 10 号令《进境植物繁殖材料检疫管理办法》

（4）国家检验检疫局 1999 年第 11 号令《进境植物繁殖材料隔离检疫圃管理办法》

（5）国家动植物检疫局《关于印发进境花卉检疫管理办法的通知》（动植检植字［1998］4 号）

（6）国家质检总局《关于印发进境植物繁殖材料检疫操作程序的通知》（国检动［1999］405 号）

（7）国家检验检疫局、农业部《关于进一步加强国外引种检疫审批管理工作的通知》（农农发［1999］7 号）

（8）国家林业局、国家出入境检疫局《关于更换引进林木种苗检疫审批单和启用国家林业局林木种苗检疫审批专用章的通知》（林造发［1999］407 号）

二、进境组培苗检验检疫

（一）口岸现场检疫

1. 核对品名、品种、批号、数量、唛头等是否与申报相符。

（1）和申报品名、品种、批号不符的，有未申报物的，退运或销毁。

（2）实际数量超过申报的，超过部分退运或销毁；实际数量少于申报数量的，查明原因。

（3）货单相符的，进入以下查验程序。

2. 检查包装有无黏附有害生物及土壤、害虫、杂草籽等。

3. 试管苗查验

（1）以批为检疫单位，无批号标志的以品种为单位。

（2）查验内容

重点检查培养基是否有霉变、异色等现象；幼苗是否有斑点、花叶、畸形、干焦等症状；容器是否有破裂和污染迹象等。情况严重的，进行拍照或录像。

（3）查验数量及方法

以 5%～20% 比例随机抽检，如有需要，加大抽查比例。最低抽检 10 件且不少于 100 支（瓶）。

4. 抽样

（1）方法

以批为单位随机抽样，无批号的以品种为单位。每份样品的抽样点不少于 5 个。

（2）数量

① 100 支（瓶）以下 —————————1 份；

② 101～500 支（瓶）—————————2 份；

③ 501～1000 支（瓶）—————————3 份；

④ 1001～5000 支（瓶）—————————4 份；

⑤ 5001～10000 支（瓶）—————————5 份；

⑥ 10001 支（瓶）以上，每增加 5000 支（瓶）增取 1 份，不足 5000 支（瓶）的余量计取 1 份。

每份样品 5 支（瓶）。

5. 现场检查中发现的可疑带疫试管苗和抽取的样品一并送实验室检验。填写现场检疫记录。

（二）实验室检验检疫

1. 检疫方法

（1）有标准规定的，按照有关国家标准、行业标准检疫鉴定。

（2）无具体标准的根据目标有害生物的生物学特性，参考以下方法进行检疫鉴定：

① 真菌：洗涤法、吸水纸培养法、琼脂培养基培养法、血清学和分子生物学等。

② 细菌：生化反应法、细菌分离培养法、过敏性反应、血清学和分子生物学检验法等。

③ 病毒类：生物学检验法、血清学检验法、分子生物学检验法等。

④ 线虫：直接观察分离法、染色法、漂浮法、过筛法、混合器—贝曼漏斗法等。

⑤ 昆虫：直接镜检法。

⑥ 杂草：直接镜检法。

2. 出具实验室检验报告

3. 样品保存

未发现疫情的，不保存样品；发现疫情的，制成标本或影像资料保存。

（三）入境口岸检疫结果评定与出证

1. 发现土壤，做退运或销毁处理，出具《检验检疫处理通知书》。

进出境种苗花卉检验检疫与标准化建设
The entry-exit inspection, quarantine and standardization
construction of seed, nursery stock and flowers

2. 属于低风险的，经检疫未发现下列检疫性有害生物和限定的非检疫性有害生物未超过有关规定的，予以放行，出具《入境货物检验检疫证明》。

（1）进境植物检疫危险性有害生物

（2）政府及政府主管部门间签订的双边植物检疫协定、协议、备忘录和议定书中订明的有害生物

（3）其他有检疫意义的有害生物

3. 属于低风险的，经检疫发现 2 中规定的检疫性有害生物或限定的非检疫性有害生物超过有关规定的，作检疫除害处理，出具《检验检疫处理通知书》处理合格后，予以放行；无有效除害处理方法的，作退运或销毁处理，出具《检验检疫处理通知书》。

4. 属于高、中风险的，经检疫未发现 2 中规定的检疫性有害生物和限定的非检疫性有害生物未超过有关规定的，运往指定的隔离检疫圃隔离检疫，出具《入境货物通关单》并在通关单中注明"该批货物同意调往 ×××× 实施隔离检疫，接受 ×××× 检验检疫局检疫监督。未经检验检疫机构同意，不得擅自动用"。

5. 属于高、中风险的，经检疫发现 2 中规定的检疫性有害生物或限定的非检疫性有害生物超过有关规定的，作检疫除害处理，出具《检验检疫处理通知书》，处理合格后，运往指定的隔离检疫圃隔离检疫，出具《入境货物通关单》并在通关单中注明"该批货物同意调往 ×××× 实施隔离检疫，接受 ×××× 检验检疫局检疫监督。未经检验检疫机构同意，不得擅自动用"。无有效除害处理方法的，作退运或销毁处理。出具《检验检疫处理通知书》。

6. 对外索赔的，出具《植物检疫证书》。

（四）隔离检疫

1. 所有高、中风险的试管苗必须在检验检疫机构指定的隔离检疫圃进行隔离检疫。

2. 隔离检疫圃负责根据有关检疫要求制定具体的检疫方案，并报所在地检验检疫机构核准、备案。

3. 隔离检疫圃所在地检验检疫机构凭指定隔离检疫圃出具的同意接受函和经检验检疫机构核准的隔离检疫方案办理调离检疫手续。

4. 需要调离入境口岸所在地直属检验检疫机构辖区进行隔离检疫的，入境口岸检验检疫机构凭隔离检疫所在地直属检验检疫机构出具的同意调入函予以调离。

5. 高风险的必须在国家隔离检疫圃隔离检疫；因承担科研、教学等需要引进高风险的试管苗，经报国家质检总局批准后，可在专业隔离检疫圃实施隔离检疫。

6. 隔离种植期限按检疫审批要求执行。检疫审批不明确的，按以下要求执行：

（1）一年生的隔离种植一个生长周期。

（2）多年生的隔离种植 2～3 年。

（3）因特殊原因，在规定时间内未得出检疫结果的，可适当延长隔离种植期限至

得出检疫结果。

7. 同一隔离场地内不得同时隔离两批（含两批）以上的试管苗，不得将无关的植物种植在隔离场地内。

8. 检验检疫机构对隔离检疫实施检疫监督。未经检验检疫机构同意，任何单位或个人不得擅自调离、处理或使用。

9. 隔离检疫圃负责对进境隔离检疫试管苗的日常管理，做好疫情记录，发现重要疫情立即报告所在地检验检疫机构。

10. 隔离及检疫结束后，隔离检疫圃出具隔离检疫结果和报告；在地方隔离检疫圃隔离检疫的，由具体负责隔离检疫的检验检疫机构出具结果和报告。

（五）隔离检疫结果评定

隔离检疫圃所在地检验检疫机构根据隔离结果和报告，结合入境检疫结果作如下评定：

（1）未发现进境植物检疫性有害生物，政府及政府主管部门间签订的双边植物检疫协定、协议、备忘录和议定书中订明的有害生物，其他有检疫意义的有害生物的，予以放行，出具《入境货物检验检疫证明》并在证明中注明"经隔离种植检疫，未发现检疫性有害生物，予以放行"。

（2）发现上述有害生物的，作销毁处理。出具《检验检疫处理通知书》。对外索赔的，出具《植物检疫证书》。

（六）归档

1. 文案归档：全部检验检疫手续办理完毕后，入境口岸检验检疫机关和隔离地检验检疫机构应及时将在整个检验检疫过程中形成的文案资料按以下类别进行整理归档。

（1）入境货物报检单及相关的检验检疫流程记录。

（2）检验检疫机构出具的证单和证稿类的留存联：如入境货物通关单、入境货物检验检疫证明、植物检疫证书、同意接受函等。

（3）检验检疫原始记录类：如现场检验检疫记录单、监管记录、实验室检验检疫报告、隔离检疫方案、隔离检疫报告等。

（4）官方或国外公证机构出具的证明类证单：如进境动植物检疫许可证、输出国家或地区官方植物检疫证书、产地证书、品质证书等。

（5）贸易及运输类单证资料：如合同或信用证、发票等。

（6）货主声明或证明类单证：如代理报检委托书（仅适用于代理报检时用）。

2. 由检验检疫机构对图片、影像等资料和有害生物标本妥善保存。

（七）依据

（1）《中华人民共和国进出境动植物检疫法》

（2）《中华人民共和国进出境动植物检疫法实施条例》

（3）国家检验检疫局 1999 年第 10 号令《进境植物繁殖材料检疫管理办法》

（4）国家检验检疫局 1999 年第 11 号令《进境植物繁殖材料隔离检疫圃管理办法》

（5）国家质检总局《关于印发进境植物繁殖材料检疫操作程序的通知》（国检动［1999］405 号）

（6）国家检验检疫局、农业部《关于进一步加强国外引种检疫审批管理工作的通知》（农农发［1999］7 号）

（7）国家林业局、国家出入境检疫局《关于更换引进林木种苗检疫审批单和启用国家林业局林木种苗检疫审批专用章的通知》（林造发［1999］407 号）

（八）附件：特许进境试管苗种类、来源国家和地区

马铃薯（*Solanum tuberosum*）：日本、印度、巴基斯坦、黎巴嫩、尼泊尔、以色列、缅甸、丹麦、挪威、瑞典、独联体、保加利亚、芬兰、冰岛、德国、奥地利、瑞士、荷兰、比利时、英国、爱尔兰、法国、西班牙、葡萄牙、意大利、突尼斯、阿尔及利亚、南非、肯尼亚、坦桑尼亚、津巴布韦、加拿大、美国、墨西哥、巴拿马、委内瑞拉、秘鲁、阿根廷、巴西、厄瓜多尔、玻利维亚、智利、澳大利亚、新西兰。

榆属（*Ulmus* spp.）：印度、伊朗、土耳其、欧洲各国、加拿大和美国。

松属（*Pinus* spp.）：朝鲜、日本、中国香港、中国澳门、法国、加拿大和美国。

橡胶属（*Hevea* spp.）：墨西哥、中美洲及南美洲各国。

三、进境鳞球块茎检验检疫

（一）现场检疫

1. 核对品名、品种、批号、数量、唛头等是否与申报相符。

（1）和申报品名、品种、批号不符的，有未申报物的，退运或销毁。

（2）实际数量超过申报的，超过部分退运或销毁；实际数量少于申报数量的，查明原因。

（3）货单相符的，进入以下查验程序。

2. 检查包装、铺垫材料、集装箱有无黏附土壤、害虫及杂草籽等。

3. 鳞球块茎查验

（1）以批为检疫单位，无批号标志的以品种为单位。

（2）重点检查是否带有土壤、腐烂、开裂、疱斑、肿块、芽肿、畸形、害虫、虫

蚀洞和杂草籽等。情况严重的，进行拍照或录像。

（3）带栽培介质的检查是否带有土壤、害虫、植物残体等。

（4）查验数量及方法

以 5% ～ 20% 的比例随机抽检，如有需要，加大抽查比例。最低抽检数量不少于 10 件，且不少于 1000 粒。

4. 抽样

（1）方法

以批为抽样单位随机抽样，无批号的以品种为单位。每份样品的抽样点不少于 5 个。

（2）数量

① 500 粒以下 ——————————————————1 份；

② 501 ～ 2000 粒——————————————————2 份；

③ 2001 ～ 5000 粒 ——————————————————3 份；

④ 5001 ～ 10000 粒——————————————————4 份；

⑤ 10001 以上，每增加 10000 粒增取 1 份，不足 10000 粒的余量，计取 1 份。每份样品 20 粒。

（3）带栽培介质的

每批介质抽取一份复合样品。

（4）现场检疫中发现的病、虫、杂草和怀疑带疫鳞球块茎一并送实验室检疫。

（5）填写现场检疫记录。货物在检验检疫机关指定的地点存放。

（二）实验室检验检疫

1. 检疫方法

（1）有标准规定的，按照有关国家标准、行业标准检疫鉴定。

（2）无具体标准的根据目标有害生物的生物学特性，参考以下方法进行检疫鉴定：

① 真菌：洗涤法、吸水纸培养法、琼脂培养基培养法、鳞球块茎部分透明法、血清学和分子生物学等。

② 细菌：生化反应法、细菌分离培养法、过敏性反应、噬菌体检验法、血清学和分子生物学检验法等。

③ 病毒类：生物学检验法、血清学检验法、分子生物学检验法等。

④ 线虫：直接观察分离法、染色法、漂浮法、过筛法、混合器—贝曼漏斗法等。

2. 出具实验室检验报告

3. 样品保存

未发现疫情的，不保存样品；发现疫情的，制成标本或影像资料保存。

进出境种苗花卉检验检疫与标准化建设
The entry-exit inspection, quarantine and standardization
construction of seed, nursery stock and flowers

（三）入境口岸检疫结果评定与出证

1. 发现土壤，做退运或销毁处理，出具《检验检疫处理通知书》。

2. 属于低风险的，经检疫未发现下列检疫性有害生物和限定的非检疫性有害生物未超过有关规定的，予以放行，出具《入境货物检验检疫证明》。

（1）进境植物检疫危险性有害生物

（2）政府及政府主管部门间签订的双边植物检疫协定、协议、备忘录和议定书中订明的有害生物

（3）其他有检疫意义的有害生物

3. 属于低风险的，经检疫发现2中规定的检疫性有害生物或限定的非检疫性有害生物超过有关规定的，作检疫除害处理，出具《检验检疫处理通知书》处理合格后，予以放行；无有效除害处理方法的，作退运或销毁处理，出具《检验检疫处理通知书》。

4. 属于高、中风险的，经检疫未发现2中规定的检疫性有害生物和限定的非检疫性有害生物未超过有关规定的，运往指定的隔离检疫圃隔离检疫，出具《入境货物通关单》并在通关单中注明"该批货物同意调往××××实施隔离检疫，接受××××检验检疫局检疫监督。未经检验检疫机构同意，不得擅自动用"。

5. 属于高、中风险的，经检疫发现2中规定的检疫性有害生物或限定的非检疫性有害生物超过有关规定的，作检疫除害处理，出具《检验检疫处理通知书》，处理合格后，运往指定的隔离检疫圃隔离检疫，出具《入境货物通关单》并在通关单中注明"该批货物同意调往××××实施隔离检疫，接受××××检验检疫局检疫监督。未经检验检疫机构同意，不得擅自动用"。无有效除害处理方法的，作退运或销毁处理。出具《检验检疫处理通知书》。

6. 对外索赔的，出具《植物检疫证书》。

（四）隔离检疫

1. 所有高、中风险的鳞球块茎必须在检验检疫机构指定的隔离检疫圃进行隔离检疫。

2. 隔离检疫圃负责根据有关检疫要求制定具体的检疫方案，并报所在地检验检疫机构核准、备案。

3. 隔离检疫圃所在地检验检疫机构凭指定隔离检疫圃出具的同意接受函和经检验检疫机构核准的隔离检疫方案办理调离检疫手续。

4. 需要调离入境口岸所在地直属检验检疫机构辖区进行隔离检疫的，入境口岸检验检疫机构凭隔离检疫所在地直属检验检疫机构出具的同意调入函予以调离。

5. 高风险的必须在国家隔离检疫圃隔离检疫；因承担科研、教学等需要引进高风险的鳞球块茎，经报国家质检总局批准后，可在专业隔离检疫圃实施隔离检疫。

6. 隔离种植期限按检疫审批要求执行。检疫审批不明确的，按以下要求执行：

（1）一年生的隔离种植一个生长周期。

（2）多年生的隔离种植 2～3 年。

（3）因特殊原因，在规定时间内未得出检疫结果的，可适当延长隔离种植期限至得出检疫结果。

7. 同一隔离场地内不得同时隔离两批（含两批）以上的鳞球块茎，不得将无关的植物种植在隔离场地内。

8. 检验检疫机构对隔离检疫实施检疫监督。未经检验检疫机构同意，任何单位或个人不得擅自调离、处理或使用。

9. 隔离检疫圃负责对进境隔离检疫鳞球块茎的日常管理，做好疫情记录，发现重要疫情立即报告所在地检验检疫机构。

10. 隔离检疫结束后，隔离检疫圃出具隔离检疫结果和报告；在地方隔离检疫圃隔离检疫的，由具体负责隔离检疫的检验检疫机构出具结果和报告。

（五）隔离检疫结果评定

隔离检疫圃所在地检验检疫机构根据隔离结果和报告，结合入境检疫结果作如下评定：

（1）未发现进境植物检疫性有害生物政府及政府主管部门间签订的双边植物检疫协定、协议、备忘录和议定书中订明的有害生物、其他有检疫意义的有害生物的，予以放行，出具《入境货物检验检疫证明》并在证明中注明"经隔离种植检疫，未发现检疫性有害生物，予以放行"。

（2）发现上述有害生物的，作销毁处理。出具《检验检疫处理通知书》。对外索赔的，出具《植物检疫证书》。

（六）归档

1. 文案归档：全部检验检疫手续办理完毕后，入境口岸检验检疫机关和隔离地检验检疫机构应及时将在整个检验检疫过程中形成的文案资料按以下类别进行整理归档。

（1）入境货物报检单及相关的检验检疫流程记录。

（2）检验检疫机构出具的证单和证稿类的留存联：如入境货物通关单、入境货物检验检疫证明、植物检疫证书、同意接受函等。

（3）检验检疫原始记录类：如现场检验检疫记录单、监管记录、实验室检验检疫报告、隔离检疫方案、隔离检疫报告等。

（4）官方或国外公证机构出具的证明类证单：如进境动植物检疫许可证、输出国家或地区官方植物检疫证书、产地证书、品质证书等。

（5）贸易及运输类单证资料：如合同或信用证、发票、提/运单、装箱单等。

（6）货主声明或证明类单证：如代理报检委托书（仅适用于代理报检时用）。

2. 由检验检疫机构对图片、影像等资料和有害生物标本妥善保存。

（七）依据

（1）《中华人民共和国进出境动植物检疫法》

（2）《中华人民共和国进出境动植物检疫法实施条例》

（3）国家检验检疫局 1999 年第 10 号令《进境植物繁殖材料检疫管理办法》

（4）国家检验检疫局 1999 年第 11 号令《进境植物繁殖材料隔离检疫圃管理办法》

（5）国家质检总局《关于印发进境植物繁殖材料检疫操作程序的通知》（ 国检动 [1999]405 号）

（6）国家检验检疫局、农业部《关于进一步加强国外引种检疫审批管理工作的通知》（农农发 [1999]7 号）

（7）国家林业局、国家出入境检疫局《关于更换引进林木种苗检疫审批单和启用国家林业局林木种苗检疫审批专用章的通知》（林造发 [1999]407 号）

（八）附件：需特许审批马铃薯繁殖材料的国家

日本、印度、巴基斯坦、黎巴嫩、尼泊尔、以色列、缅甸、丹麦、挪威、瑞典、独联体、保加利亚、芬兰、冰岛、德国、奥地利、瑞士、比利时、英国、爱尔兰、法国、西班牙、葡萄牙、意大利、突尼斯、阿尔及利亚、南非、肯尼亚、坦桑尼亚、津巴布韦、美国、墨西哥、巴拿马、委内瑞拉、秘鲁、阿根廷、巴西、厄瓜多尔、玻利维亚、智利、澳大利亚、新西兰。

四、进境切花、切叶（枝）检验检疫

（一）现场检验检疫

（1）准备工作

① 根据国家植物检验检疫规定及输出国家或地区疫情发生情况，制定检验检疫方案。

② 检疫工具的准备

根据应检切花种类做好相应检疫工具的准备，一般应有放大镜、样品筛、白瓷盘或 8K 以上白纸若干张、剪刀、镊子、毛笔、指形管、脱脂棉、样品袋等。

（2）核对报检单上所填产地、品种、件数、重量、包装唛头等是否与实际货物相符。

① 和申报品名、品种、批号不符的，有未申报物的，退运或销毁。

② 实际数量超过申报的，超过部分退运或销毁；实际数量少于申报数量的，查

明原因。

（3）检疫

① 抽样方法：随机抽样并开箱检查。

② 抽样数量：以同一品种、等级、包装类型、运输工具为一个抽样检验单位（批），按下表规定确定抽样件数。

总件数	抽样件数
≤ 250	5
251 ~ 1000	5 ~ 20
1001 ~ 2000	20
2001 ~ 5000	20 ~ 50
> 5000	50

③ 检疫

将抽取的切花样品放在白磁盘（或用白纸代替）上，用抖动、拍击、解剖、剥开等方法检查切花是否携带昆虫，以及是否有烂花、烂叶、茎腐、病斑等情况，其中红掌、石斛兰、蝴蝶兰等热带切花可能携带叶螨（红蜘蛛）、蓟马和褐斑病，玫瑰可能携带蚜虫、叶螨和白粉病。发现可疑病状或外观异常的花、叶及昆虫装入样品袋或指形管中，带回实验室进行检验、鉴定。

（二）实验室检验检疫

（1）昆虫和螨类检验

对叶面、叶背、枝条、花朵内等部位进行详细检查，将查获的昆虫和螨类进行鉴定，对部分一时难以鉴定的昆虫应依其习性进行室内人工饲养至一定虫态后再进行鉴定，并制作标本予以保存。

（2）对可疑病害进行镜检，必要时进行病原菌分离培养鉴定。

（3）出具实验室检验报告。

（三）检疫处理与出证

（1）发现我国进境植物检疫性有害生物，政府及政府主管部门间签订的双边植物检疫协议、协定、备忘录和议定书订明的有害生物和其他有检疫意义的有害生物的，无有效处理方法的，作退运或销毁处理，出具《检验检疫处理通知单》。

（2）发现我国进境植物检疫性有害生物，政府及政府主管部门间签订的双边植物检疫协议、协定、备忘录和议定书订明的有害生物和其他有检疫意义的有害生物的，有效处理方法的，进行除害处理，出具《检验检疫处理通知单》。

（3）需对外索赔的，出具《植物检疫证书》。

（4）经检疫未发现上述有害生物的，或发现上述有害生物经检疫处理后复检合格的，予以放行，出具《入境货物检验检疫证明》。

（5）发现一般害虫的，按下列技术指标进行除害处理

① 溴甲烷熏蒸处理玫瑰、红掌等切花：22℃、35g/m³、1.5小时。

② 溴甲烷熏蒸处理切叶、切枝：22℃、45g/m³、1.5小时。

③ 菊花、满天星、马蹄莲、小苍兰等切花不能进行溴甲烷熏蒸处理。

（四）归档

（1）文案归档检验检疫结束后，应及时将在整个检验检疫过程中形成的文案资料按以下类别进行整理归档。

① 入境货物报检单及相关的检验检疫流程记录。

② 检验检疫机构出具的证单和证稿类的留存联：如入境货物通关单、入境货物检验检疫证明、植物检疫证书等。

③ 检验检疫原始记录类：如现场检验检疫记录单、监管记录、实验室检验检疫报告等。

④ 官方或国外公证机构出具的证明类证单：如输出国或地区官方植物检疫证书、产地证书等。

⑤ 货物及运输类单证资料：如合同或信用证、发票、提/运单、装箱单等。

⑥ 货主声明或证明类单证：如代理报检委托书（仅适用于代理报检时用）、非木质包装证明（限于来自美、日、韩、欧等国的货物）。

（2）检验检疫机构对图片、影像、有害生物标本等资料妥善保存。

（五）依据

（1）《中华人民共和国进出境动植物检疫法》

（2）《中华人民共和国进出境动植物检疫法实施条例》

（3）国家动植物检疫局《关于印发进境花卉检疫管理办法的通知》（动植检植字[1998]4号）

五、进境植物栽培介质检验检疫

（一）现场检疫

（1）查验货证，核查栽培介质的种类、产地、数量、包装及唛头标记是否相符。

（2）检查运输工具及集装箱及货物外包装有无有害虫、土壤和杂草籽等。

（3）检查栽培介质是否带有昆虫、软体动物及霉变等情况，有无混藏有杂草种子及土壤等。疫情严重的，进行拍照或录像。

（4）按规定有代表性地抽取样品，连同现场查获的有害生物一同送实验室检疫。

（5）填写实验室记录。

（二）实验室检疫

（1）对送检的样品和现场发现的可疑有害生物，分别情况并按生物学特性及形态学特性，进行检疫鉴定。

（2）对有害生物的具体检疫鉴定方法，详见国家标准、行业标准和有关有害生物鉴定资料。

（3）出具实验室检验报告。

（三）结果评定

（1）未发现病原真菌、细菌和线虫、昆虫、软体动物及其他有害生物的，予以放行，出具《入境货物检验检疫证明》。

（2）发现我国规定的检疫性有害生物，政府及政府主管部门间签订的双边植物检疫协议、协定、备忘录和议定书中订明的有害生物和其他有检疫意义的有害生物的，有有效除害处理方法的，出具《检验检疫处理通知单》，经实施有效除害处理并经检疫合格后，出具《入境货物检验检疫证明》。

（3）以下栽培介质作退运或销毁处理：

① 未按规定办理检疫审批手续的。

② 带有土壤的。

③ 进境栽培介质与审批品种不一致的。

④ 发现我国规定的检疫性有害生物，政府及政府主管部门间签订的双边植物检疫协议、协定、备忘录和议定书中订明的有害生物和其他有检疫意义的有害生物的，无有效处理方法的，出具《检验检疫处理通知单》，作退运或销毁处理。

（4）需要对外索赔的，出具《植物检疫证书》。

（四）检疫监管

（1）使用进境栽培介质的单位，须向口岸检验检疫机构申请注册登记。检验检疫机构对其进境的栽培介质用途、隔离设施和卫生条件等指标进行考核，合格后发给注册登记证。

（2）检验检疫机构应对栽培介质进境后的使用范围和使用过程进行定期检疫监管

进出境种苗花卉检验检疫与标准化建设
The entry-exit inspection, quarantine and standardization
construction of seed, nursery stock and flowers

和疫情监测，发现疫情及时采取相应的处理措施，并将情况上报国家质检总局。对直接用于植物栽培的，监管时间至少为被栽培植物的一个生长周期。

(3) 带有栽培介质的进境参展盆栽植物必须具备严格的隔离措施。进境时应更换栽培介质并对植物进行洗根处理，如确需保活而不能进行更换栽培介质处理的盆栽植物，必须按有关规定向国家质检总局办理进口栽培介质审批手续，但不需预先提供样品。

（五）归档

(1) 文案归档：检验检疫结束后，应及时将在整个检验检疫过程中形成的文案资料按以下类别进行整理归档：

① 入境货物报检单及相关的检验检疫流程记录。

② 检验检疫机构出具的证单和证稿类的留存联：如入境货物通关单、入境货物检验检疫证明、植物检疫证书等。

③ 检验检疫原始记录类：如现场检验检疫记录单、监管记录、实验室检验检疫报告等。

④ 官方或国外公证机构出具的证明类证单：如进境动植物检疫许可证、输出国或地区官方植物检疫证书、产地证书等。

⑤ 货物及运输类单证资料：如合同或信用证、发票、提／运单、装箱单等。

⑥ 货主声明或证明类单证：如代理报检委托书（仅适用于代理报检时用）、非木质包装证明（限于来自美、日、韩、欧等国的货物）。

(2) 检验检疫机构对图片、影像、有害生物标本等资料妥善保存。

（六）依据

(1)《中华人民共和国进出境动植物检疫法》及其实施条例

(2) 国家出入境检验检疫局 1999 年第 13 号令《进境栽培介质检疫管理办法》

(3) 农业部《中华人民共和国进境植物检疫危险性病、虫、杂草名录》及相关法规规定的危险性有害生物［农业部文件（1992）农（检疫）字第 17 号］

(4) 国家动植物总局《中华人民共和国进境植物检疫潜在危险性病、虫、杂草名录（试行）》规定的有害生物（动植物植字［1996]11 号）

（七）附件

(1) 栽培介质系指除土壤外的所有由一种或几种混合的具有贮存养分、保持水分、透气良好和固定植物等作用的人工或天然固体物质。

(2) 栽培介质的中英文名称

栽培介质包括 Potting substratum、potting soil、potting medium 等。如砂 sand、炉渣 calcined、矿渣 acoria、沸石 zeolite、煅烧粘土 calcined clay、陶粒 clay pellets、蛭石 vermiculite、珍珠岩 perlite、矿棉 rockwool、玻璃棉 glasswool、浮石 pumide、片岩、火山岩 volcanic rock、聚苯乙烯 polystyrene、聚乙烯 polyethylen、聚氨酯 polyurethane、塑料颗粒 plastic particle、合成海绵 synthetic sponge 等无机栽培介质，以及来源为有机物并经高温、高压灭菌处理的介质，如泥炭 peat、泥炭藓 sphagnum、苔藓 moos、树皮 barks、椰壳（糠）cocos substrate、软木 cork、木屑 saw dust、稻壳 rice hulls、花生壳 peanut hulls、甘蔗渣 bagase、棉子壳 cotton hulls 等。

第二节　进境种苗花卉主要有害生物及其检疫防控技术

一、日本金龟子 (*Popillia japonica*)

（一）地理分布

朝鲜、韩国、日本、千岛群岛、俄罗斯（远东地区）、葡萄牙、加拿大（安大略、魁北克）、美国（康涅狄格、纽经贸部、佐治亚、俄亥俄、新泽西、田纳西、弗吉尼亚、马萨诸塞、密执安、伊利诺斯、印第安纳、北卡罗来纳、密苏里、依阿华、肯塔基、缅因、新罕布什尔、宾夕法尼亚、南卡罗来纳、佛蒙特、华盛顿、西弗吉尼亚、威斯康星、马里兰、加利福尼亚）、古巴。

（二）寄主

槭属、七叶树属、桦木属、栗属、大豆属、胡桃属、桃属、悬铃木属、杨属、李属、蔷薇属、悬钩子属、柳属、锻树属、榆属、葡萄属等，其中主要包括：葡萄、苹果、草莓、树莓、樱桃、梨、桃、李、杏、柿、梅、黑梅、油桃、槭树、杨、柳、榆、石刁柏、栋树、锻树、白桦、落叶松、美国梧桐、蔷薇、樟、栗、黑槐、丁香、接骨木、忍冬、虎杖、怪树、紫藤、连翘、酸模、王叶地锦、玫瑰、杜鹃、蜀葵、锦葵、向日葵、大丽花、美人蕉、天竺葵、万寿菊、牵牛花、莺尾、薄荷、五叶爬山虎、蒲公英、百日草、莛草、啤酒花、车前草、香董菜、切花等花卉观赏植物及蓼科植物杂草、牧草、蕨类、小麦、裸麦、荞麦、高粱、粟、花生、大豆、菜豆、小豆、豌豆、

进出境种苗花卉检验检疫与标准化建设
The entry-exit inspection, quarantine and standardization
construction of seed, nursery stock and flowers

马铃薯、甘薯、西瓜、甜瓜、蛇葡萄、玉米、芦笋、苜蓿。

（三）发生与危害

日本金龟子，为多食性植物害虫，取食近300种植物，对其中大约106种植物可造成经济损失。日本金龟子一般一年一代，少数二年一代，常以三龄幼虫在约为15～20cm深处的土室中越冬。当春季土温超过10℃，幼虫在土中约5cm处恢复活动，取食植物根部。经几周后化蛹，5～7月羽化，羽化时间与纬度有关。成虫善飞翔，为害植物的叶子、花和果实，平均寿命30～45天，在土中产卵。卵孵化后，幼虫在土中为害植物根部。日本金龟子成虫主要取食叶肉及叶表皮，通常只剩下叶脉，使叶子变黄并脱落；取食花瓣；受害玉米胚胎膨大，果粒畸形等。

（四）检疫防控方法

1. 形态特征

成虫：虫体卵圆形，长9～15mm，宽4～7mm，带强金属光泽。前胸、头、足、小盾片墨绿色，鞘翅黄褐色至褐色，鞘翅外、内端缘暗绿色。头部触角九节，鳃片部三节。唇基倒簸箕形，强卷，前缘加厚并上翘，厚度为其宽度的四分之一至八分之三，前角近100°水平夹角；额唇基沟中断或消失。颊中部纵凹。前胸背板宽大于长，强隆弓。前角锐，后角钝角形，基缘向后方突出，并在小盾片前凹入，后缘边框近完整。侧区小凹陷一对。小盾片圆三角形，常具不规则刻点。鞘翅扁平，短，向后收狭，露出部分前臀板，具缘膜。鞘翅缝角间具有一对小齿，鞘翅背面六条点行，行二散乱并在近端部五分之四处消失。中胸腹突前伸较明显，胸腹部布满白毛，足粗壮，前足胫节端部外侧具两个相连大齿，内侧中端具一距。后足胫节内侧无刺列，但有一个长毛列。臀板强隆，具鳞状横刻纹，前臀板具有白色刚毛。臀板基部有两个白色毛斑，腹部1～5节腹板中央两侧中部各着生一列白色刚毛，刚毛列在腹侧分别聚成毛斑，六对毛斑不被鞘翅覆盖。背面观，雄性外生殖器的阳基侧突端部钝，两侧由基部向端部收窄，对称，右侧突叠于左侧之上。阳基中片长于基片。侧面观，阳基侧突顶部尖削，向下弯曲呈鸟咏状，长为隆拱点处宽的四倍，腹片端缘翘突位于腹缘隆拱点的顶端。

卵：刚产的卵乳白色，呈圆形，直径1mm，之后变成长卵形，长1.5mm，宽1mm，颜色也逐渐加深。

幼虫：体白色，呈"C"型弯曲，老熟幼虫体长18～25mm，上颚极发达，黑褐色，臀节膨大，背面具骨化环。肛门横裂，刺毛列由针状毛组成，每列五到六根，前端不超过腹毛区。幼虫三个龄期，头壳宽度分别为1.2mm，1.9mm，3.1mm。

蛹：阔纺锤形，长14mm，宽7mm，灰白色至黄褐色，附肢活动自如，离蛹。

2. 现场检疫

(1) 确定进境的寄主植物及植物产品是否来自疫区。

(2) 对来自疫区如日本、美国、加拿大、韩国等的寄主植物及植物产品特别是主要的一些寄主植物进行严格检疫，对疫区来的带土活植物应重点进行检疫。

(3) 对疫区来的运输工具进行检疫，重点查看食品舱、客机机舱、载货舱以及水果垃圾堆放点等。

(4) 现场检查时，对发现可疑危害症状的样品进行取样，取样应按照《中华人民共和国进出境动植物检疫法》规定的操作规程进行；发现可疑害虫虫样立即置入备好的毒瓶内杀死，并详细记载有关的采集时间、采集地点、进境国家、寄主植物、运输工具、采集者、虫态和数量等信息资料。

3. 防控方法

(1) 保护和释放天敌。一是保护天敌。直接保护步行甲、隐翅甲、土蜂、鸟类等天敌；保护或间种蜜源植物，为土蜂等寄生性天敌提供补充营养食物，招引天敌。二是招引益鸟。布巢时间和地点可视招引鸟类而定；挂巢 2 个 /hm²，均匀布设；巢箱悬挂于 2m 以上的树冠中下部，巢口面向下坡；人工巢箱可选择椋鸟式、山雀式、半开口式和树洞式。三是释放寄生蜂。释放大斑土蜂（*Scolia clypeata* Sickman）、春黑小土蜂（*Tiphia vernalis* Rohwer）、弧丽钩土蜂（*Tiphia popilliavora* Rohwer）等寄生蜂。释放方法按照寄生蜂释放技术规范进行。

(2) 生物制剂防治。一是球孢白僵菌（*Beauveria bassiana*）。幼虫期使用，施菌量为 225.0 万亿～ 337.5 万亿个孢子 /hm²。避免高温中午施药，干旱季节施药后要配合灌水。使用方法：①土壤处理，可湿性粉剂拌土撒施后灌水；②可湿性粉剂配成 150 亿～ 225 亿个孢子 /kg 水灌根；③将白僵菌粉剂与大豆粉、细土、潮麦麸按照 1：1：10：5 ～ 10 的比例，配制成 6800 亿～ 8800 亿个孢子 /kg 的菌土，沟施、盖土；④将白僵菌粉剂与潮麦麸按照 1：5 ～ 10 的比例，配制成 1.4 万亿～ 2.5 万亿个孢子 /kg 的菌粉，拌种或与种子同时施入穴内。二是金龟子绿僵菌（*Metarhizium anisopliae*）。幼虫期使用，施菌量为 150 万亿～ 225 万亿个孢子 / hm²。避免高温中午施药，干旱季节施药后要配合灌水。使用方法：配制成 50 亿～ 1000 亿个孢子 /kg 水溶液浇灌，或拌以干细土沟施或拌种。三是苏云金杆菌（*Bacillus thuringiensis*）。幼虫期使用，施菌量为 6 亿～ 30 亿国际单位（IU）/hm²。林间温度 20 ～ 30℃时，配制成水溶液浇灌，或拌以干细土沟施或拌种。多雨季节不宜使用。四是日本金龟芽孢杆菌（*Bacillus popilliae* Dutky）。施菌量为 150 亿个孢子 / hm²。五是线虫。幼虫期使用，在土壤温度 20℃时使用效果最佳，施用时要施入土中，也可与基肥混用。斯氏线虫（*Steinernema scarabaei*）施用量为 55.5 亿头 /hm²；格氏线虫（*Steinernema glaseri*）施用量为 25 亿～ 50 亿头 /hm²；夏季高温时施用嗜菌异小杆线虫（*Heterorhabditis bacteriophora*），施用量为 5 亿～ 80 亿头 /hm²。

仿生制剂防治。一是抑食肼（RH-5849、虫死净），土壤处理，用 5% 颗粒剂 75 ～ 225kg/hm²，按照 1：1 的比例与干细土或河砂拌匀后撒施。二是灭幼脲

进出境种苗花卉检验检疫与标准化建设
The entry-exit inspection, quarantine and standardization
construction of seed, nursery stock and flowers

Ⅲ号。防治成虫，用 25% 灭幼脲Ⅲ号胶悬剂常量喷雾 75～225kg/hm^2，低量喷雾 9～13kg/hm^2，飞机低量或超低量喷雾 9kg/hm^2（加尿素和 901 增效剂）；25% 灭幼脲Ⅲ号粉剂用药量 450～600g/hm^2，宜在早晚有露水或雨后地面喷粉；25% 灭幼脲Ⅲ号油胶悬剂用药 225～300mL/hm^2（用 0 号柴油作稀释剂），地面低量喷洒 9.0～4.5L/hm^2，飞机超低量喷洒 4.5L/hm^2；16% 灭幼脲Ⅲ号增效型粉剂用药量 150～300g/hm^2，加滑石粉地面喷粉。三是灭幼脲Ⅰ号。防治成虫，20% 灭幼脲Ⅰ号胶悬剂用药量 110～150g/hm^2，地面常量或低量喷雾；15% 灭幼脲Ⅰ号胶悬剂用药量 150～200g/hm^2，飞机超低量喷雾。四是高渗苯氧威。防治成虫，3% 高渗苯氧威乳油 4000～5000 倍液，均匀喷雾；225.0～375.5mL/hm^2 配药液，飞机超低量喷雾；按 1∶8 的比例与柴油混配，使用专用喷烟机喷烟。五是阿维菌素。防治成虫，使用 2% 阿维菌素乳油 1000～1500 倍液＋1% 甲维盐 1000 倍液，或用 1.8% 阿维菌素乳油 800～1000 倍液喷雾。

（3）化学防治应严格限制使用化学药剂，应急使用时，应选用符合国家有关规定的高效、低毒、低残留的药剂。

（4）诱杀

① 灯光诱杀。对有趋光性的金龟子，利用黑光灯进行诱杀。

② 糖醋液诱杀。诱捕液配制可按照糖∶醋∶酒∶水 =6∶3∶1∶10、糖∶醋∶水 =4∶2∶1，或红糖∶食醋∶白酒∶水 =3∶6∶1∶9 的比例配成诱捕液，或者按照腐烂水果∶醋∶糖∶水 =2∶2∶3∶1（腐烂水果∶蜜∶水 =2∶2∶1）的比例，将腐烂的水果（可以是苹果、桃、无花果、番茄、西瓜皮等）切碎，并与糖、醋、水等混匀加热，煮沸成粥状诱捕液。为了增强捕杀效果，可以在诱捕液中按照 0.3%～0.5% 的比例添加敌百虫晶体，或 80% 的敌百虫可溶性粉剂。选择容量为 500mL 左右、高度为 40～50cm 的深色大口瓶子（或毛竹筒），将诱捕液倒入瓶中，诱捕液在瓶内的高度不超过瓶子高度的 1/2。将诱捕器挂在 1.5～2.0m 范围内无遮挡的树枝或立柱上，诱捕器的口紧贴树枝或立柱。根据空气流通状况，诱捕器设置密度为 80～200 个 / hm^2，对于林木，可以每隔 1 株挂置 1 个。每日 15∶00～16∶00 收集诱捕器。

倒出诱捕液和诱捕的成虫，清洗诱捕器，再添加诱捕液，挂回原处。

③ 植物诱杀。一是根据金龟子不同种，选择金龟子喜食的榆（*Ulmus pumila*）、杨（*Populus*）、枫杨（*Pterocarya stenoptera*）等树枝，长度为 1.5m 左右，每 100m^2 插 1 枝，每天 15∶00～16∶00 收集成虫，每隔 1 天换 1 次树枝。二是根据金龟子不同种，间种相思树（*Acacia confusa*）、番石榴（*Psidium guajava*）、蓖麻（*Ricinus communis*）、田菁（*Sesbania cannabina*）、猪屎豆（*Crotalaria pallida*）、甘蔗（*Saccharum officinarum*）、金光菊（*Rudbeckialaciniata*）等金龟子成虫嗜食植物，栽植 300～450 株 /hm^2，诱集成虫，集中捕杀。

④ 堆肥诱杀。根据金龟子趋腐性，在田间或林内设置堆肥。堆肥内放入秸秆、树叶、鸡粪、人粪尿、烂瓜果菜叶，每堆 50～100kg，在其中加入 100～150g 食用醋、50g 白酒，再在其中加入农药，拌匀。堆肥密度为 10～15 堆 /hm^2，每隔 10～15 天

翻动 1 次。

⑤ 信息素诱杀。利用金龟子性信息素或聚集信息素诱杀成虫，信息素的使用按产品使用说明书操作。

(5) 人工捕杀

利用成虫假死性，采用震落法捕杀成虫；翻耕时捡拾幼虫、蛹；发现死亡植株，向下挖取幼虫。

二、蔗扁蛾 (*Opogona sacchari*)

（一）地理分布

西班牙（加那利群岛）、葡萄牙（含亚速尔、马德拉）、希腊、意大利、比利时、丹麦、芬兰、法国、德国、荷兰、英国、巴西、秘鲁、委内瑞拉、巴巴多斯、洪都拉斯、百慕大群岛及美国（佛罗里达州和夏威夷群岛）、毛里求斯、马达加斯加、留尼汪群岛、塞舌尔群岛、圣赫那群岛、罗德里格斯群岛、南非、尼日利亚、佛得角、中国（北京、广东、海南、福建、河南、新疆、四川、上海、江苏、浙江、广西等）、日本、印度。

（二）寄主

危害大部分观赏植物，也能危害一些经济作物。寄主植物主要有香龙血树（巴西木）、马拉巴栗（发财树）、香蕉、甘蔗、马铃薯、竹子、玉蜀黍（玉米）、凤梨等，此外还包括绿巨人（大叶发财树）、香龙血树金星变种、海南龙血树（山海带）、异味龙血树（太阳神）、金边香龙血树、反折香龙血树（百合竹）、龙舌兰、酒瓶兰、丝兰、朱蕉、红剑叶朱蕉、黄边竹蕉、荷兰铁、海南铁、苏铁、绿萝、青苹果、袖珍椰子、赛氏袖珍椰子、国王椰子、大王椰子、竹茎玲珑椰子（夏威夷椰子）、棕竹、狐尾椰子、鹅掌柴、散尾葵、鱼尾葵、天竺葵、皇后葵、假槟榔、刺棒棕、蒲葵、酒瓶椰子、猩猩椰子（红槟榔）、槟榔竹（加拿大海枣）、软叶刺葵（美丽针葵）、南洋花生、大叶榕、小叶榕、印度榕（橡皮树）、花叶垂榕、垂叶榕、高山榕、一品红、九重葛、芋、海芋、喜林芋、红柄喜林芋、合果芋、白鹤芋、八角金盘、鹤望兰、旅人蕉、朱顶兰、虎尾兰、金边虎尾兰、印度南洋参（羽叶南洋参）、圆叶南洋参、鹅掌柴材、大丽花、木棉、爪哇木棉、山姜、秋海棠、紫茉莉、非洲紫罗兰、花叶万年青、美叶光萼荷（蜻蜓凤梨）、垂花果子蔓、三色叶凤梨、薯蓣、苣苔花、非洲紫苣苔、唐菖蒲、合欢、象耳豆、刺桐、木槿、朱槿（扶桑）、鼓槌石斛、细叶石斛、选鞘石斛、条纹竹芋、常山、粉蕉、大蕉、番茄、辣椒、茄、番薯、番木瓜、无花果等 29 科、100 余种或变种。

进出境种苗花卉检验检疫与标准化建设
The entry-exit inspection, quarantine and standardization
construction of seed, nursery stock and flowers

（三）发生与危害

蔗扁蛾原主要分布于非洲大陆和附近岛屿、欧洲一些国家，现广泛分布于非洲、欧洲、美洲和亚洲。蔗扁蛾食性很广，国内外已报道的寄主植物为29科1000多种和变种，以绿化树种和园林花卉植物为主，也危害甘蔗、香蕉等一些经济作物。蔗扁蛾主要以钻蛀的方式在寄主茎秆内上下蛀食为害，如在巴西木、发财树等植株上典型的被害状为在茎秆内形成不规则蛀道，或蛀道连成片。木段表皮有通气孔，从中排出粪屑。皮层蛀空后，仅留外表皮，皮下充满粪屑。枝叶逐渐枯黄，或造成整株枯死。对不同寄主植物，幼虫入侵部位有明显差异，植株枝条上部切口处、表皮、生长点、叶鞘、嫩芽等均可成为入侵部位。但被害植株的茎秆表皮多蛀孔，周围满布虫粪、碎木屑，或表皮下聚集有大量虫粪，这一类被害特征却是共同的。

（四）检疫防控方法

1. 现场检疫

（1）对蔗扁蛾可能为害的寄主植物都要加强检疫，尤其是该虫分布国家的进境该虫寄主植物，需重点检疫。

（2）首先看寄主植物的生长情况，凡长势弱、萎蔫、枯黄均应列为怀疑对象。其次，检查寄主植株上是否有虫孔、棕黑色粪屑；用手触摸寄主植株的表皮，感觉是否松软。

（3）将发现的卵、幼虫或蛹仍置于原寄主植物上，已死的干成虫直接装入密封袋，一起带回实验室。

2. 形态特征

成虫：体黄灰色至黄褐色，有金属光泽，体较平扁，体长8.0～9.5mm，翅展20～26mm，雄虫体略小于雌虫；头部被鳞、大而光滑，头顶具毛隆，复眼大，无单眼。触角细长纤毛状，密覆鳞毛，长达前翅的三分之二；柄节粗长略弯，梗节较短小，鞭节约11节左右，各节宽大于其长。口器有一对退化的上颚，下颚须细长，5节，喙短小，仅盘两圈；下唇须粗长，3节，向上侧伸但不超过头顶；具后下唇结构；翅披针形，前翅深棕色，中室端部和后缘各有一黑色斑点，其后缘生有毛束；后翅色较淡而端部较暗，后缘具长缘毛。前翅的翅脉有退化，径脉R1完全消失，径分脉Rs有4条，R3微弱，R4与R5基部紧靠或共短柄；中脉M有3条，M2近M1在中室端靠下，M3则出自中室后缘近端部；肘脉Cu明显2条均远离，Cu2出自中室后缘五分之三处，臀脉3条，1A明显，与2A平行且较近，2A简单无基叉。后翅窄于前翅，脉完全。雄虫后翅背面基部具一独特的长毛束，在翅表伸展；足粗壮而扁，跗节很长；前足径节具长而尖突的前胫突；中足腿节稍长于胫节，胫节具一对端距，跗节甚长为胫节的2倍；后足腿节短粗、仅为胫节的一半长，胫节狭长，有2对距，中距长而端距较短，中距内距极长、约为胫节长的三分之二，跗节稍长于胫节；腹部狭长而略扁，腹板两侧具褐色斑列；雄外生殖器背篦短宽，前后缘均向内凹缺；爪形突为一对宽大的叶，内缘密生粗大的长刺，两叶与背笸仅内侧基部关联，余由窄条膜连接可以折动；基腹弧短阔，囊形突呈一宽大而截断的突出；抱瓣大而长，为一椭圆形片，腹面分开一向内刽的尖突；阳茎端坚硬而色深，为一长锥状，阳茎基则为相连的大型透明薄片，无角状器。

幼虫：体白色，略透明，具多数成对的褐色斑点。老熟幼虫体长 20 mm 左右，宽 3 mm 左右；头部暗红褐色，前口式，侧单眼退化，仅剩 2 个；触角色淡向前伸，位于触角窝内；上颚发达，具 5 齿；胸部前胸盾和气门片暗红褐色，周缘色淡，气门与侧毛组位于同一毛片上；中和后胸的侧毛 L2 离开 L1 与 L3 在单独的毛片上。胸足很发达，跗爪延长，基部具 2 叶突；腹部的褐色毛片分散呈明显的斑点，腹背的 4 片大而横长，侧面的较小略圆或不规则；侧毛 3 根均单成一毛片，亚腹毛 3 根共一毛片，但第九腹节的 L2 与 L3 合一毛片，且 SV1 与 SV2 各一毛片，第八腹节的则 SV1 单一毛片；腹足 5 对，第 3～第 6 节腹足趾钩呈二横带，单行单序约 40 余根密集排列，周围有许多小刺环绕；第十腹节的一对臀足趾钩呈单横带，约 20 余根，小刺仅限于前缘处。

卵：淡黄色，卵圆形，长 0.5～0.7 mm，宽 0.3～0.4 mm。卵壳表面密布多边形的网状纹。单粒散产，或成堆成片，数十粒甚至百粒以上。

蛹：长 10.0 mm 左右，宽约 3.0 mm，亮褐色至暗红褐色，首尾两端多呈黑色。头顶具很发达的额突，为粗壮的宽三角形的坚硬突出物。腹部第八节的气门明显突出，腹端的臀棘粗壮，位于背面向前钩弯。

3. 防控方法

(1) 检疫防控

① 进一步做好疫情监测工作，防止该虫转移到其他植物，一旦发现疫情，及时做好疫情封锁、扑灭工作，对无法彻底除害的苗木，进行销毁处理。

② 对来自国内疫情发生区的观赏植物和绿化苗木跟踪复检，严防该虫传入；对国外引进的观赏植物和绿化苗木，做好隔离试种工作，加强监管，隔离期满后，确实不带危险性病虫的，经省森防检疫站确认，方可分散种植。

③ 各地的森林植物临时检疫检查站和木检站，对运输观赏植物和绿化苗木的车辆要加强检疫检查，发现疫情，就地封存，就地处理。

(2) 生物防治

昆虫病原线虫 *Steinernema Carpocapsae* A24 能有效地防治蔗扁蛾幼虫，在大棚条件下，采用喷雾法能达到理想的防治效果，喷雾的最佳浓度约为 3000 条 /mL 线虫。

(3) 化学防治

① 用溴甲烷 48g/m³ 对无根巴西木、发财树等茎段集中进行熏蒸处理，能有效防治害虫传播扩散。

② 用 50% 的甲基对硫磷 2000 倍液喷雾或从木桩顶部浇灌，并用 90% 敌百虫粉剂 1∶200 倍混土撒在花盆内做好预防工作；一旦发现幼虫危害，可用 40% 的氧化乐果乳油 1000 倍液、80% 的敌敌畏乳油 1000 倍液交替喷洒于受害处，每隔 7～10d 喷 1 次，连续 3 次，同时用 90% 敌百粉剂 1∶200 倍混土撒在花盆内，每隔 15d 施 1 次，能有效地防治幼虫的危害。

进出境种苗花卉检验检疫与标准化建设
The entry-exit inspection, quarantine and standardization
construction of seed, nursery stock and flowers

③ 蔗扁蛾幼虫入土越冬期是防治蔗扁蛾的最佳时期，用 40% 氧化乐果 100 倍液灌茎段受害叶片，并用 90% 敌百虫粉剂 1：200 倍混土，撒在花盆表土内，每隔 15d 施一次，连续用 3 次可杀死越冬幼虫。

④ 用 3% 呋喃丹颗粒剂埋根法和 40% 久效磷制剂基部打孔法对蔗扁蛾进行化学防治，效果明显。此法对防治家庭、宾馆、大棚、花园中花卉上的蔗扁蛾幼虫比较理想。

三、葡萄根瘤蚜 (*Viteus vitifoliae*)

（一）地理分布

阿拉伯半岛、阿塞拜疆、朝鲜、黎巴嫩、日本、塞浦路斯、土耳其、叙利亚、伊朗、伊拉克、以色列、约旦、爱尔兰、奥地利、保加利亚、波兰、德国、俄罗斯、 法国、捷克、罗马尼亚、马耳他、摩尔多瓦、奥地利、南斯拉夫、瑞士、乌克兰、西班牙、希腊、匈牙利、亚美尼亚、意大利、阿尔及利亚、埃及、摩洛哥、南非、突尼斯、澳大利亚、新西兰、美国、加拿大、墨西哥、哥伦比亚、秘鲁、巴西、阿根廷，中国甘肃、辽宁、山东、陕西、上海、台湾、云南等地局部也有发生。

（二）寄主

葡萄 *Vitis vinifera* L. 等葡萄属植物。

（三）发生与危害

葡萄根瘤蚜为单食性，主要为害葡萄的根部。须根被害后肿胀形成菱角形或鸟头状根瘤，侧根和大根被害后形成关节形肿瘤；部分葡萄品种的叶部受害后在叶背面形成虫瘿。此虫主要随带根的葡萄苗木或插条的调运而传播。

（四）检疫防控方法

1. 现场检疫

（1）检查葡萄根部（尤其须根），有无被害后形成的菱形（或鸟头状）根瘤，侧根和大根处有无关节形肿瘤。

（2）检查叶片上有无虫瘿。

（3）检查运输工具、包装物及四周区域。

（4）将获得的各虫态蚜虫放入盛有 75% 乙醇的小玻瓶或指形管中保存，在实验室根据鉴别特征进行结果判定。

2. 形态特征

根瘤型无翅成蚜：体背各节具灰黑色瘤，头部四个，各胸节六个，各腹节四个。胸、腹各节背面各具一横形深色大瘤状突起。触角第三节最长，其端部有一个圆形或椭圆形感觉圈，末端有刺毛三根（个别的具四根）。

叶瘿型无翅成蚜：体背无瘤，体表具细微凹凸皱纹，触角末端有刺毛五根。

有翅蚜：复眼由多个小眼组成，单眼三个。触角第三节有感觉圈两个，一个在基部近圆形，另一个在端部长椭圆形。前翅翅痣长形，有三根斜脉（中脉、肘脉和臀脉），后翅仅有一根脉（径分脉）。

性蚜：无口器和翅，黄褐色，复眼由三个小眼组成。外生殖器孔头状，突出于腹部末端。

若虫：共四龄，眼、触角及喙分别与各型成虫相似。

3. 防控方法

（1）及时检查，发现少量蚜虫后可用毛笔蘸水刷除，避免刷伤嫩梢、嫩叶，刷下的蚜虫要及时处理干净，以防蔓延。

（2）取2～3片臭椿叶剪碎，加水10～15倍煮沸1小时，将其滤液用喷雾器喷杀蚜虫。

（3）取一个鸡蛋或鸭蛋打碎倒入瓶中，加1～2mL食油，再加200mL冷水，盖上瓶盖，上下振荡若干次，稍停片刻，待液面无油花浮起即可喷施，对蚜虫、叶螨也有一定效果。

（4）用鲜尖椒或干红辣椒20～50g，加水1kg煮沸，用其清液喷洒受害植株，能防治蚜虫、螨类等害虫。

（5）用洗衣粉3～4g，加水100g，搅拌成溶液后连喷2～3次。

（6）用风油精加水600～800倍溶液，用喷雾器对害虫仔细喷洒，使虫体沾上药水杀灭蚜虫及蚧壳虫等效果都在95%上，而对植株不会产生药害。

（7）将洗衣粉、尿素、水按1∶4∶100的比例搅拌成混合液后，用以喷洒植株可收到灭虫、施肥一举两得的效果。

四、新菠萝灰粉蚧 (*Dysmicoccus neobrevipes*)

（一）地理分布

美国、萨摩亚群岛、维京岛、关岛、夏威夷群岛、北马里亚纳群岛、库克岛、斐济、基里巴斯、马绍尔群岛、西萨摩亚、墨西哥、印度、马来西亚、沙巴州、巴基斯坦、菲律宾、新加坡、泰国、越南、意大利、西西里岛、安提瓜和巴布达岛、巴哈马群岛、巴西、哥伦比亚、哥斯达黎加、多米尼加共和国、厄瓜多尔、危地马拉、洪都拉斯、海地、牙买加、巴拿马、秘鲁、波多黎各、萨尔瓦多、苏里南、特立尼达和多巴哥岛。

进出境种苗花卉检验检疫与标准化建设
The entry-exit inspection, quarantine and standardization
construction of seed, nursery stock and flowers

（二）寄主

酸豆、剑麻、晚香玉、刺果番荔枝、番荔枝、芋、散尾葵、椰子、菠萝、向日葵、甘蓝、南瓜、金合欢、落花生、木豆、洋葱、菠萝蜜、红蕉、中粒咖啡、海岸桐、橙、红毛丹、人心果、番茄、茄、可可、柚木等。

（三）发生与危害

新菠萝灰粉蚧在中国尚无分布，主要分布在欧洲、美洲、亚洲和非洲的二十多个国家和地区，是为害香蕉、菠萝、椰子、咖啡、人心果、剑麻等数十种经济作物的重要害虫。

（四）检疫防控方法

1. 现场检疫

对可能携带粉蚧的进境水果、种苗、花卉等检疫物各部位进行检查，重点检查果实的果柄、果蒂及植株的腋芽、枝条、叶鞘等处，寄生部位常伴有白色的蜡粉或蜡丝等分泌物，如发现粉蚧将其放入样品袋中，做好现场记录送实验室进行鉴定。

2. 形态特征

新菠萝灰粉蚧雌成虫触角 8 节。眼半球形，其周围常有筛状孔。足大而粗，后足腿节和胫节上有许多透明孔。腹脐大，有节间褶，位于第 3、第 4 腹节腹板间。肛环在背末，有内外列环孔和 6 根长环毛，其长约为环径的 2 倍。前、后背孔发达，孔瓣上有许多短毛和三孔腺。刺孔群 17 对，末对有 2 根锥刺，多根附毛和 1 群三孔腺，位于浅硬化区（圆形，比肛环小）上，其余刺孔群有 2～4 根刺和少数附毛及三孔腺。尾瓣突出，端毛长于肛环毛尾瓣腹面有长方形硬化区。三孔腺在背，腹面均匀分布。多孔腺仅在腹部腹面，即体末第 6～第 8 腹节上成横列，总数约 35～第 50 个。筛状孔分布背、腹面，有各种大小，约介于三孔腺和多孔腺之间。管腺仅一种，分布于腹部腹面，即第 4～第 7 腹节中区每节后缘成横列，侧缘成群，但第 4 节侧缘例外。体毛在体背短小，体腹面毛较长，肛环前无成丛背毛。爪下无齿。

3. 防控方法

（1）对蚧壳虫的防治适期应掌握在幼虫孵化盛期，及时检查，早期防治，虫量少时，可用毛刷或竹片进行人工刷除或剪掉被害枝叶，集中烧毁。

（2）化学防治常用药剂有 40% 氧化乐果乳油 800～1000 倍液、25% 灭蚜松乳油 1000～1500 倍液、20% 速扑杀乳油 1500～2000 倍液。每 7 天喷药 1 次，连续 2～3 次。

（3）取烟灰缸内的烟头、烟灰各 1 份，加水 40～50 份，浸泡 1 昼夜，捣烂过滤后喷施，对初孵的蚧壳虫有一定的效果。

（4）可参考白粉虱的防治措施。

（5）用酒精轻轻地反复擦拭病枝就能把蚧壳虫除掉，且能除得十分干净彻底。连幼虫也能除净。第二年很少发现有蚧壳虫的危害。

（6）用白酒兑水，比例 1：2，治虫时浇透盆土的表面。蚧壳虫在春季气温 7℃ 时便开始活动，可在 4 月中旬浇一次，此后每隔半月左右浇一次，连续 4 次见效。

（7）用米醋 50mL 将小棉球放醋中浸湿后，用湿棉球在受害的花木茎叶上轻轻地揩擦即可将蚧壳虫杀死此法方便、安全，既能达到除虫的目的，能使被害叶片返绿光亮。

（8）用柴油、洗衣粉、水按 10：0.6：6 的比例调成母液，此时母液含 60% 呈牛奶状，用水稀释成含有 30% 的药液后。对米兰、金橘、苏铁上的蚧壳虫仔细喷洒。一周后，蚧壳虫大部分由原来新鲜的橙色变成干瘪状态，说明此法对蚧壳虫有较好的防治效果。

五、栎树猝死病

栎树猝死病（Sudden Oak Death，简称 SOD）由栎树猝死病菌（*Phytophthora ramorum*）引起，该病菌也称多枝疫霉，腐霉科（Pythiaceae），疫霉属（*Phytophthora*），是近年来国外新发现的重要林木病害。栎树猝死病是一种毁灭性的林木和观赏植物病害，一旦入侵立足后几乎无法根除。

（一）地理分布

栎树猝死病主要分布于主要分布于美国（加利福尼亚州、俄勒冈州）、加拿大（哥伦比亚省）、英国、比利时、丹麦、法国、德国、意大利、荷兰、挪威、波兰、爱尔兰共和国、斯洛文尼亚、西班牙、瑞典、瑞士、捷克等国，目前其分布范围还在继续扩大，在中国尚未发现其分布（PQR，2006）。

（二）寄主

栎树猝死病寄主众多，全球已发现 109 种（属）植株自然受到侵染，其中确定的寄主 48 种（属），有关的寄主 61 种（属），在人工接种条件下，还有 100 多种植物可以发病而造成叶片枯萎。

（三）发生与危害

栎树猝死病在北美、欧洲等地暴发流行，从侵入到全部叶片变褐仅需几周，造成大量的栎树、石栎枯死，给当地经济和森林生态系统造成巨大损失，同时还侵染很多的其他植物，危害日益严重，已引起加拿大、澳大利亚、新西兰、欧盟、韩国、中国

进出境种苗花卉检验检疫与标准化建设
The entry-exit inspection, quarantine and standardization
construction of seed, nursery stock and flowers

以及美国的高度关注，纷纷采取措施严防其传入扩散。

（四）检疫防控方法

1. 野外防治

在美国的俄勒冈州，人们基于景观和地区水平开展对 *P. ramorum* 的防治管理工作，以彻底根除所在林地发现的病原菌。措施包括：飞机侦测和水道监控等一系列的前期检测；由美国农业部动植物卫生检疫局和俄勒冈州农业部共同领导检疫，以阻止本地区的染病寄主材料移出；一旦发现有树木感染，不管有没有产生症状，立即移除，并在每一个受侵染的树木周围设立 91.44m 的缓冲区。

化学防治：Garbelotto M 等对健康的栎树和密花石栎使用亚磷酸盐杀真菌剂处理，效果良好。亚磷酸盐并非直接作用于疫霉属病原菌，而是通过注射至树干或直接喷洒在树干表面促使树木产生各种各样的免疫反应，对生态环境无任何污染。

2. 化学防治

针对重要的观赏植物和圣诞树进行了多种化学药剂防治试验——*P. ramorum* 的主要 4 属寄主植物，即杜鹃属、山茶属、荚蒾属和马醉木属。精甲霜灵、甲霜灵、烯酰吗啉、咪唑菌酮 4 种最有效。多种研究表明：化学药剂一般只能起到预防作用，并不能根除病原菌，需要重复间隔使用，而且掩饰病害症状、影响检疫，长期使用病原菌会产生抗性。

六、大豆茎溃疡病

大豆茎溃疡病分别由大豆北方茎溃疡病菌 [*Diaporthe phaseolorum* （Cooke & Ellis） Sacc. var. caulivora Athow & Caldwell] （DPC） 和大豆南方茎溃疡病菌 [*D. phaseolorum* （Cooke & Ellis） Sacc. var. meridionalis F. A. Fernandez] （DPM）引起，是为害大豆的重要病害，已传播至许多国家，对当地农业造成严重威胁。目前，我国没有该病害发生为害的报道，大豆茎溃疡病菌是我国进境植物检疫性有害生物。

（一）地理分布

大豆茎溃疡病最初在美国发现，现在阿根廷、巴西、加拿大、意大利、玻利维亚、南斯拉夫、克罗地亚、巴拉圭、加纳、欧洲等地均有分布。

（二）寄主

大豆茎溃疡病菌在自然条件下只侵染大豆。南方茎溃疡病菌人工接种出现症状的寄主有多毛木兰、长纤维田菁；无症状的有黑茄、全叶牵牛、裂叶牵牛、北方节野豌豆、麻面牵牛、红草、镰刀豆荚、小花牵牛、多刺苋属、高牵牛、野猩猩木，从以上寄主上均分离到该病菌。北方茎溃疡病菌的人工接种寄主有三叶草、苜蓿、食荚菜豆、豌豆等。

（三）发生与危害

大豆茎溃疡病菌均侵染大豆植株的叶片和茎秆。最初的症状出现在下部叶片的节点或叶痕处，形成小的红褐色病斑，随着病害的发展病斑纵向扩展形成溃疡并轻微下陷，老的溃疡斑边缘红褐色，中央呈灰褐色。叶片症状为沿叶脉褪绿和坏死，植株死亡后叶片并不脱落。DPC 引起的损伤逐渐变为深褐色，长 2～10 厘米，通常环剥茎秆，导致大豆植株萎蔫或死亡，有时会发生顶枯。DPM 引起病斑长形，很少环剥茎秆。

大豆茎溃疡病是大豆上的毁灭性病害之一，曾在 20 世纪 40 年代晚期和 50 年代早期使美国中西部的大豆产量损失严重，1994 年导致世界大豆产量损失约 190 万；20 世纪 80 年代茎溃疡又在南美大发生，导致感病大豆品种的产量损失高达 80%，1983 年在美国东南部造成的损失为 3700 万美元，1996—2006 年美国因溃疡病损失大豆 155 万，1998 年阿根廷、玻利维亚、巴西、加拿大、意大利、巴拉圭、美国因茎溃疡病共损失大豆 19.1 万吨，经济影响很大。

（四）检疫防控方法

根据赵巍巍等的研究结果表明，50% 多菌灵 SC 对大豆茎溃疡病菌毒力最强，EC50 值分别为 0.118mg/L、0.112mg/L、0.152mg/L。25% 醚唑 EC 对南方茎溃疡病菌的毒力仅次于多菌灵，5% 己唑醇 EC 对北方茎溃疡病菌抑菌效果也仅次于多菌灵，这 3 种药剂都可作为防治大豆茎溃疡病菌的有效杀菌剂。

七、菊花花枯病菌

菊花花枯病 *Didymella ligulicola* 是菊花上的重要病害。1982 年被列入 EPPO 检疫性有害生物 A2 名单中，属于我国的检疫性病害。该病于 1904 年，美国的北卡罗那州首先发现并报道。

（一）地理分布

亚洲：日本（本州）、以色列；

欧洲：比利时、丹麦、芬兰、法国、德国、爱尔兰、以色列、意大利、卢森堡、摩尔多瓦、荷兰、挪威、罗马尼亚、英国、南斯拉夫；

大洋洲：新西兰、澳大利亚、巴布亚新几内亚；

进出境种苗花卉检验检疫与标准化建设
The entry-exit inspection, quarantine and standardization
construction of seed, nursery stock and flowers

美洲：加拿大、美国、墨西哥；

非洲：突尼斯、肯尼亚、马拉维、坦桑尼亚、津巴布韦。

（二）寄主

主要侵害菊科植物 Dendranthema spp.，主要是 D. morifolium。除侵染菊花外，人工接种试验表明还可侵染菊苣 Endives、莴苣 lettuces、洋蓟 globe artichokes、金光菊 Rudbeckia hirta、百日草 Zinnia elegans、向日葵 sunflowers、大丽菊 Dahlia pinnata 等。

（三）发生与危害

菊花植株的所有部分，包括根，都能被侵染，但是花和插条最容易被侵染。插条，通常是顶芽先被侵染，随后向下侵染整株植株。未开的花苞，苞片和茎组织颜色变暗。在叶片上，引起不规则的黑褐色叶斑，2～3 cm 宽。在茎上，症状通常出现在靠近病叶的、有伤口的或者插条基部等部位。花上的症状：侵染后，花瓣出现斑点，开始时只侵染花冠的一侧，表现为畸形（只有半边花）。在浅色的花瓣上呈红色斑点，在深色的花瓣上，呈褐色。随后侵染快速发展，被侵染的小花粘连在一起，花冠完全腐烂。病菌向下侵染花梗，造成组织变黑变弱，引起花朵枯萎凋谢。在田间病组织上产生大量针头状的分生孢子器，尤其花瓣上更多。初呈琥珀色，后成熟变黑色，很易发现。

注意：花和叶片的症状容易和灰葡萄孢引起的灰霉病相混淆，插条的腐烂症状很像灰葡萄孢或腐霉引起的症状，区别：如是灰葡萄孢引起的，仔细检查，可以发现大量灰色孢子。另外，菊花花枯病引起的叶斑，边缘清晰，中间部位具特殊光泽。

该病主要侵染菊花花冠，流行快，几天之内可使花冠完全腐烂；也可以使切花在运销过程中大量落花，给商品菊花造成很大的损失。

（四）检疫防控方法

1. 检疫方法

在光线充足的场所，肉眼或借助放大镜仔细检查菊花的花瓣上有无斑点、有无出现"半边花"；叶片有无扭曲或出现不规则黑褐色叶斑；病部是否有黑色针头状分生孢子器，将有以上症状的可疑切花或植株挑出，进一步作实验室检验。

病原真菌在 PDA 培养基上，菌丝密集，绒状。菌落下层后转橙红色，中心部分呈黑褐色。菌落边缘不整齐，越向中心菌丝层越紧密，絮状，分生孢子器就在中心区形成，形成的最适温度为 26℃；分生孢子器，埋生于寄主表皮以下，用 15 倍放大镜观察可见，壁薄，球形，大小有两种：在花瓣上的小（72～180 μm），聚生；在茎和叶上的大（111～325 μm），散生。分生孢子以液滴状或短柱形渗出，无色，具油滴，无隔（10% ～ 40%）或有隔（60% ～ 90%）；通常1个隔，偶尔多个隔；卵形至圆柱形，常呈不规则形；无隔孢子大小为（6 ～ 22）μm×（2.5 ～ 8）μm，多数为（8.5 ～ 13）μm×（3.5 ～ 5.5）μm；有隔孢子大小为（9 ～ 23）μm×（3 ～ 6.5）μm，多数为（13 ～ 15.5）μm×（4 ～ 5）μm。

成熟的子囊壳比分生孢子器更突出，接近寄主表皮，球形，直径96 ～ 224μm，具由2 ～ 3层厚壁细胞组成黑褐色的外层，顶部有乳突状孔口。空腔基部有聚集的拟薄壁组织，上面着生大量子囊，拟侧丝长，包埋全部子囊，并在子囊壳顶部聚集。子囊倒棍棒形，基部明显收缩，看似有柄，（49 ～ 81）μm×（8 ～ 10）μm。每个子囊内含8个子囊孢子，无色到灰色，长椭圆形或纺锤形，双胞，上胞在隔膜上方膨大，下胞则较窄，尖锐，大小为（12 ～ 16）μm×（4 ～ 6）μm。

2. 防控方法

（1）加强检疫控制该病传播。因病菌在整个菊花生长季节都表现很强的生活力与致病性，一般措施难以控制此病的发生，因此，加强检疫是控制该病的最好方法。

（2）减少侵染源，清除菊花病残体，田间发现病株时，应立即拔除，对病土进行严格的消毒，用热力灭菌或用氯化苦等药剂进行熏蒸处理。

八、油菜茎基溃疡病菌

油菜茎基溃疡病菌 [*Leptosphaeria maculans*（Desm）Ces. & de Not.]，属真菌界（Fungi），子囊菌门（Ascomycota），座囊菌纲（Dothideomycetes），格孢腔菌目（Pleosporales），格孢腔菌科（Pleosporaceae），小球腔菌属（*Leptosphaeria*），无性态为 *Phoma lingam*。

（一）地理分布

该病原菌目前在世界范围油菜主产区内广泛分布。

欧洲：保加利亚、捷克、丹麦、爱沙尼亚、芬兰、法国、德国、匈牙利、爱尔兰、意大利、拉脱维亚、列支敦士登、立陶宛、马耳他、荷兰、挪威、波兰、罗马尼亚、俄罗斯、斯洛伐克、西班牙、瑞典、瑞士、乌克兰、英国；

亚洲：亚美尼亚、中国、格鲁吉亚、印度、伊朗、以色列、日本、哈萨克斯坦、韩国、朝鲜、吉尔吉斯斯坦、马来西亚、巴基斯坦、菲律宾、泰国、土耳其；

非洲：埃及、埃塞俄比亚、肯尼亚、莫桑比克、尼日利亚、南非、赞比亚、津巴布韦；

中美洲和地中海地区：哥斯达黎加、萨尔瓦多、巴拿马、波多黎各；

北美洲：加拿大、墨西哥、美国；

南美洲：阿根廷、巴西；

大洋洲：澳大利亚、新喀里多尼亚、新西兰、巴布亚新几内亚。

进出境种苗花卉检验检疫与标准化建设
The entry-exit inspection, quarantine and standardization
construction of seed, nursery stock and flowers

（二）寄主

该病菌的寄主广泛，主要有芸薹属植物，如油菜、甘蓝、花椰菜等十字花科作物。可造成油菜茎基及根系腐朽，易于折断而死亡。

（三）发生与危害

油菜各生育期均可感病。病部主要是灰白色枯斑，斑内散生许多黑色小点。子叶、幼茎上病斑形状不规则，稍凹陷，直径 2～3 ㎜。幼茎病斑向下蔓延至茎基及根系，引起须根腐朽，根颈易折断。成株期叶上病斑圆形或不规则形，稍凹陷，中部灰白色。茎、根上病斑初呈灰白色长椭圆形，逐渐枯朽，上生黑色小点，植株易折断死亡。角果上病斑多从角尖开始，与茎上病斑相似。种子感病后变白皱缩，失去光泽。

油菜茎基溃疡病菌致病力强，引起茎基部发病，是造成油菜产量损失的主要因素。该病菌引起的产量损失一般约为 10%～20%，严重时可达 30%～50%或更高。据估计，全世界因此病而造成油菜经济损失超过 3 亿欧元。

（四）检疫防控方法

1. 检疫方法

从种子样品中挑取异常种子 1～2g 用于 PCR 初检。若 PCR 检测结果为阳性，挑选异常油菜籽（十字花科种子）进行分离试验。在解剖镜下挑选籽粒皱缩、干瘪、变色、残缺或有霉变的籽粒用于后续分离，对分离到的疑似菌株再进行 PCR 检测。

2. 防控方法

（1）与非十字花科作物轮作两年。油菜收获后，将病残株集中烧毁或深翻土地进行深埋，以减少子囊壳初侵染源。

（2）苗床消毒播种前每平方米苗床用 50% 多菌灵或 70% 托布津或 50% 敌克松 8g，加 20 倍细土混匀撒施，进行苗床消毒。

（3）发病初期喷洒 65% 代森锌可湿性粉剂 500～600 倍液。

九、菊基腐病菌

（一）地理分布

分布范围很广，欧洲、美洲、亚洲、澳洲的许多国家均有该病原菌引起各种作物软腐、萎凋或矮化的记录。

（二）寄主

寄主范围很广，可感染一般蔬菜类作物如马铃薯、芹菜、葱、蒜、牛蒡等，也可引起园艺作物如菊花、广东万年青、蔓绿绒、非洲堇等的组织腐烂或植株萎凋。可以危害兰科植物蝴蝶兰（*Phalaenopsis* spp.）、文心兰（*Oncidum Spp.*）、石斛兰（*Dendrobium spp.*）、拖鞋兰（*Paphiopedilum spp.*）。

（三）发生与危害

病菌侵染多汁植物或植物地下部，能引起植株软腐和萎蔫，特别是在菊、玉米、花叶万年青、一品红和香蕉等植物的茎秆上引起软腐病；叶片产生腐烂的有非洲紫苣苔、喜林芋、万年青；大理花和马铃薯出现萎蔫、矮化和块茎软腐；石竹则出现矮化和缓慢萎蔫症状；其玉米变种还能引起水稻基腐病。

（四）检疫防控方法

1. 检疫方法

（1）传统培养检测技术：菊基腐病菌为革兰氏阴性菌，杆状，不形成芽孢，菌体大小为（0.5 ～ 0.7）μm×（1.0 ～ 2.5）μm。菌体常单生、周生鞭毛，有时多达 14 根；兼性厌气；在普通培养基上菌落灰白至乳白色、光滑、圆形、边缘波浪形或羽毛状，质地呈奶酪状，扁平或稍突起。在 PDA 培养基（pH6.5）上菌落呈煎蛋状，中央突起，边缘呈波浪形。在含 1% 酵母膏、1% 葡萄糖和 2% 碳酸钙的固体培养基上许多菌落在 5 ～ 10 天后（27℃）产生特殊的蓝黑色非水溶性色素。

（2）酶联免疫检测技术：目前市场上已有成熟菊基腐病菌 ELISA 检测试剂盒。

（3）分子生物学技术、BIOLOG、脂肪酸检测等现代检测技术。

2. 防控方法

（1）增施有机肥和钾肥，有显著减轻发病的作用；

（2）发生菊基腐病的园地可撒施生石灰中和土壤酸性抑制病菌；

（3）可用 50% 金消康 WP1000 ～ 1500 倍液或 20% 噻菌铜悬浮剂 3 ～ 4 小包兑水60 ～ 75 kg 喷雾，隔 5 ～ 7 天再喷一次。

十、梨火疫病菌

（一）地理分布

分布范围包括北美、中美、欧洲、西亚、新西兰、非洲等地。

进出境种苗花卉检验检疫与标准化建设
The entry-exit inspection, quarantine and standardization
construction of seed, nursery stock and flowers

（二）寄主

主要危害蔷薇科仁果类果树，但也能侵染亲缘关系较近的蔷薇科植物。在自然条件下特别容易感病的有：梨属、苹果属、枸子属、木瓜属、山楂属、火棘属、花楸属、威木属。

（三）发生与危害

病菌从叶片、花器、幼果及伤口和自然孔口侵入，受害植物从受侵部位逐渐发生至全株。叶片先呈水渍状，后变黑褐色；花器枯萎呈深褐色；果实受害处呈褐色凹陷，后扩展至全果；嫩梢被害初期呈水渍状，随后变黑褐色。常弯曲向下，呈鱼钩状。

（四）检疫防控方法

1. 检疫方法

同菊基腐病菌。该病菌形态特征：杆状，有荚膜，周身鞭毛，能运动，大小为（0.9～1.8）μm×0.6μm×1.5μm，多数情况下为单生，有时或双或短时间内3～4个呈链状。病菌在蔗糖营养培养基（0.8% 牛肉膏，5% 蔗糖，2% 琼脂，pH7.2）上，27℃下培养2天，其菌落直接为3～7mm，乳白色，半圆形隆起，有稠绒毛状的中心环，表面光滑，边缘整齐、稍具黏性。

2. 防控方法

（1）对易侵染植株可喷洒1：2：200 倍式波尔多液或72% 农用链霉素可溶性粉剂3000～4000 倍液，1000 万单位新植霉素4000 倍液，14% 络氨铜水剂350 倍液，隔10～15 天喷1次，连防3～4次。

（2）发现病株后，应立即剪去病部及靠近病部50cm 健康组织，烧毁后用封固剂将伤口封住。

（3）对发病园地，秋末冬初集中烧毁病残体，细致修剪，以保证彻底除害。

十一、兰花褐斑病菌

（一）地理分布

主要分布于菲律宾、澳大利亚、意大利、葡萄牙以及中国台湾等地。

（二）寄主

主要侵染蝴蝶兰、卡特莱兰、文心兰、石斛兰等多种兰科植物。

（三）发生与危害

兰花染病初期叶面及叶尖会产生不规则或长条形似开水烫过的褐色斑，严重时整段叶会脱水失绿，使植株失去商业价值。

（四）检疫防控方法

1. 检疫方法

同菊基腐病菌。其形态特征为：菌体单细胞短杆状，两端钝圆，大小（1.5～2.5）μm×（0.5～0.8）μm，极生鞭毛1～5根，多为1～2根，无芽孢，无荚膜，革兰氏染色阴性，在肉汁胨琼脂平板培养基上菌落呈圆形，污白色隆起，不产生褐色素和荧光素。

2. 防控方法

(1) 所用栽培基质必须消毒处理。

(2) 运输及上盐时注意不要碰伤植株，防止病菌侵入。

(3) 有发生可用72%农用链霉素可湿性颗粒4000倍液进行防治，每10天一次，连续喷2～3次。

十二、番茄溃疡病菌

（一）地理分布

该病在世界范围内均有分布。亚洲地区有：日本、印度、伊朗、以色列、中国等国家。

（二）寄主

该病菌自然侵染的寄主有：番茄、龙葵、裂叶茄；人工接种可侵染树番茄、心叶烟、乳茄、马铃薯、小麦、大麦、黑麦、燕麦、向日葵、西瓜、黄瓜、辣椒、茄子、醋栗等。

（三）发生与危害

番茄细菌性溃疡病是一种维管束系统病害，病株从幼苗到坐果期都可发生萎蔫和死亡，大田定植后造成缺株断垄。在温室条件下，最初症状是叶片表现出可逆性萎蔫，在叶脉之间产生白色至褐色的坏死斑点，最后表现出永久性萎蔫，致使整株干枯死亡。田间最初症状为低位叶片小叶的边缘出现卷缩、下垂、凋萎，似缺水状，病原菌未达

进出境种苗花卉检验检疫与标准化建设
The entry-exit inspection, quarantine and standardization
construction of seed, nursery stock and flowers

到的部位，其枝叶生长正常。植株枯萎很慢，一般不表现出萎蔫。有时植株一侧或部分小叶出现萎蔫，而其余部分生长正常，病情继续发展，叶脉和叶柄上出现小白点，在茎和叶柄上出现褐色条斑，下陷，向上下扩展，并且爆裂，露出黄到红褐色的髓腔，呈溃疡症状。病原菌通过维管束侵染果实，也可侵染胎座和果肉。幼果发病后皱缩、滞育、畸形，病果内的种子小、黑色、不成熟；正常大小的果实感病后外观正常，偶尔有少数种子变黑或有黑色小点，其发芽率仍然很高。在暴风雨多的地区或喷灌条件下，果实上往往出现白色圆形小点，扩展后变为褐色，中心粗糙、略微突起，直径约3 mm，斑点边缘围绕着白色晕圈，呈典型的"鸟眼状"。许多小斑点可联合成不规则的斑块，但仍有白色的晕圈。

（四）检疫防控方法

1. 检疫方法

同菊基腐病菌。其形态特征为：病原菌为需氧细菌，无芽孢，棒杆状。细胞大小为 (0.6～0.7) μm×(0.7～1.2) μm，以单个或成对方式存在。碳水化合物氧化代谢，不解脂，硝酸盐还原阴性，脲酶阴性，明胶液化慢，水解七叶苷，水解淀粉能力很弱或不水解。病菌生长缓慢，形成具光泽、圆形、边缘规则的黄色菌落，也存在粉红色、白色、红色及橙色的变异菌落。

2. 防控方法

（1）种子消毒：可用55℃温水浸种30分钟，或进行干热灭菌，将干种子放在烘箱中，在70℃下保温72小时或者在80℃下保温24小时，或用0.6%醋酸溶液浸种24小时，或用浓度为200 mg /L的硫酸链霉素浸种2小时，或用5%盐酸浸种5～10小时，或用1.05%次氯酸钠浸种20～40分钟。浸种后用清水冲洗掉药液，稍晾干后再催芽。

（2）药剂防治：定植时用链霉素水浇灌幼苗（每支农用链霉素加水15 kg）。发病初期，特别是暴风雨后及时喷药。可选用72%农用硫酸链霉素可溶性粉剂的4000倍液，或30%细菌杀星600～800倍液，或14%络氨铜水剂300倍液，或77%可杀得可湿性微粉剂500倍液，或50% DT杀菌剂500倍液，或60%百菌通可湿性粉剂500倍液。根据部分菜农经验，最为经济有效的方法是在番茄定植后，每隔7～10天喷1次1：1：200波尔多液进行保护性防治。

十三、番茄斑萎病毒 (*Tomato spotted wilt virus*,TSWV)

（一）地理分布

番茄斑萎病毒是一种分布广泛且具有经济重要性的植物病毒，分布于欧洲和地中海地区、亚洲、非洲、北美洲、中美洲和加勒比海、南美洲和大洋洲。

（二）寄主

寄主范围非常广泛，Peters（1998）所列的寄主名单包括90个科双子叶植物和8个科单子叶植物的940余种植物。菊科213种和茄科168种、豆科50余种易感染番茄斑萎病毒。

（三）发生与危害

番茄斑萎病毒可引起多种症状，即使在同一种寄主植物上，也会因品种、年龄、营养状况和环境条件的不同有很大差异。病害症状见表3-1。

表3-1 病害症状

植物名称	病害症状
番茄	叶子呈青铜色卷曲、出现坏死条纹和斑点，叶柄、茎和茎尖产生深褐色条纹。与健康植株相比，被害植株矮小。红色或黄色的番茄成熟时表皮出现暗红色或黄色块斑、坏死严重时，导致植株死亡
辣椒	整株矮化和黄化，叶片呈现褪绿线纹或花叶，并伴有坏死斑。茎上有坏死条纹延伸至顶芽。成熟果实上，可见带有同心环或坏死条纹的黄斑
莴苣	植株受害后，从一侧叶片开始出现褪绿，并产生褐色斑纹。接着变色延伸至新叶，之后这一侧停止生长，呈现典型扭曲症
大岩桐	受侵染叶片表现黄色或褐色斑或叶片变为栎叶状
凤仙花	有些品种出现矮化、叶基变黑或叶片出现褐色叶斑
花生	芽坏死、叶褪绿、萎缩和植株死亡
菊花	不同品种症状差异很大，常见的症状有茎黑色条纹和萎蔫

（四）检疫防控方法

1. 热疗法

其方法有热水浸泡，热空气或蒸汽处理。其原理是，植物病毒在37～40℃高温下被钝化，使其传播速度减慢或停止。

2. 茎尖组织培养脱毒

其原理是植物茎尖分出组织的0.2～0.3 mm内一般不含病毒，目前，该脱毒法已

进出境种苗花卉检验检疫与标准化建设
The entry-exit inspection, quarantine and standardization
construction of seed, nursery stock and flowers

被很多国家采用，其过程是：切取 0.2 ～ 0.3 mm 长的茎尖接种至含有特定技术的培养基上，经分化、增殖、生根后可培养健壮脱毒株，如结合热疗法切取热疗后的茎尖 0.3 ～ 0.5 mm 进行培养，其分化率脱毒率更高。该方法优点是，脱毒效果好，繁殖系数高，是目前国内外广泛采用的脱毒途径。

十四、番茄环斑病毒（*Tomato ringspot virus*, ToRSV）

（一）地理分布

番茄环斑病毒主要分布于美洲、欧洲、大洋洲、亚洲的一些国家：美国、加拿大、秘鲁、智利、保加利亚、德国、意大利、法国、前苏联地区、南斯拉夫、塞浦路斯、澳大利亚和韩国、日本等。

（二）寄主

番茄环斑病毒的自然寄主有天竺葵属（*Pelargonium* spp.）、悬钩子属（*Rubus* spp.）、李属（*Prunus* spp.）和烟草（*Nicotiana tabacum*）等。在人工接种的情况下还可以侵染茄科、藜科、葫芦科、蔷薇科和豆科的 100 多种植物。

（三）发生与危害

番茄环斑病毒主要侵染多年生植物，在桃和其他李属植物上表现黄芽花叶症状；桃、樱桃和一些李属植物上表现茎部蚀损斑和退化症状；李树被番茄环斑病毒侵染后产生褐色线条；番茄环斑病毒侵染苹果树后嫁接部位上方膨大，接穗和砧木连接处的树皮异常增厚并呈海绵状，剖开树皮后可发现明显的坏死线，苹果树也可出现衰退症状；番茄环斑病毒在红树莓上表现环斑和衰退症状；葡萄等多种植物被番茄环斑病毒侵染后均可出现衰退症状。

（四）检疫防控方法

1. 热疗法

其方法有热水浸泡、热空气或蒸汽处理。其原理是，植物病毒在 37 ～ 40℃高温下被钝化，使其传播速度减慢或停止。

2. 茎尖组织培养脱毒

其原理是植物茎尖分出组织的 0.2 ～ 0.3 mm 内一般不含病毒，目前，该脱毒法已被很多国家采用，其过程是：切取 0.2 ～ 0.3 mm 长的茎尖接种至含有特定技术的培养基上，经分化、增殖、生根后可培养健壮脱毒株，如结合热疗法切取热疗后的茎尖

$0.3 \sim 0.5$ mm进行培养，其分化率脱毒率更高。该方法优点是，脱毒效果好，繁殖系数高，是目前国内外广泛采用的脱毒途径。

十五、番茄黑环病毒（*Tomato black ring virus*，TBRV）

（一）地理分布

欧洲：克罗地亚、捷克、丹麦、芬兰、法国、德国、希腊、匈牙利、爱尔兰、意大利、摩尔多瓦、荷兰、挪威、波兰、葡萄牙、罗马尼亚、俄罗斯联邦－俄罗斯（欧洲）、西班牙（加那利群岛）、瑞典、英国（英格兰、苏格兰）、南斯拉夫；

亚洲：中国、印度、Andhra Pradesh、Karnataka、Tamil Nadu、日本、土耳其；

非洲：肯尼亚、摩洛哥；美洲：巴西、加拿大（安大略湖、圣马丁岛）、美国；大洋洲：加罗林群岛。

（二）寄主

番茄黑环病毒能够广泛侵染单子叶、双子叶草本和木本植物，包括其中重要的经济作物，如葡萄和其他果树、甜菜、马铃薯和蔬菜（葱属、甜菜属、芸薹属、莴苣属、番茄属和菜豆属的一些种）以及观赏植物，它还能侵染乔木和灌木以及一些杂草品种。

（三）发生与危害

杂草和作物被害后很少有或无症状，但影响植物的生长。生长不良的植株在田间块状分布，而且逐年扩展。通常早春症状比较明显，而生长旺季的夏季不明显。

在红覆盆子（*Rubus idaeus*）中，依据栽培品种的不同，TBRV 引起带有矮化和产量降低的褪绿斑驳、环斑或叶片卷曲；作为某些小核果早夭或过度发展的结果，水果可能变形（易碎）。当覆盆子环斑线虫传多面体病毒也出现的时候，病害更严重。某些覆盆子栽培品种对某些 TBRV 分离物免疫。

在草莓中，依据栽培品种或年限，TBRV 导致变色斑点、环或更大范围的变色区。在后期叶片可能无征兆，但在随后几年中症状会回复，并进一步矮化最终死亡（Murant and Lister，1987）。当覆盆子环斑线虫传多面体病毒也存在时，病害加重，并且加速死亡。

TBRV 传染也引起甜菜（Harrison，1957）和莴苣（Smith and Short，1959）的环斑病害；马铃薯的坏死黑斑（Harrison，1957）、花束状病害和伪奥古巴病害（Gehring and Bercks，1956；Harrison，1958a）；芹菜、接骨木和其他一些灌木的黄脉症状（Hollings，1965；Schmelzer，1966；Hollings et al.，1969）；洋葱叶片的黄色斑点、

进出境种苗花卉检验检疫与标准化建设
The entry-exit inspection, quarantine and standardization
construction of seed, nursery stock and flowers

条纹和变形（Calvert and Harrison,1963）；葡萄（Stellmach,1970）、韭菜（Calvert and Harrison,1963）、甘蓝（Harrison,1957）和辣椒（Buturovic et al.,1979）的不知名病害以及桃树芽矮化。番茄的黑环（Smith,1946）无经济重要性。

（四）检疫防控方法

1. 热疗法

其方法有热水浸泡，热空气或蒸汽处理。其原理是，植物病毒在 37～40℃高温下被钝化，使其传播速度减慢或停止。

2. 茎尖组织培养脱毒

其原理是植物茎尖分出组织的 0.2～0.3 mm内一般不含病毒，目前，该脱毒法已被很多国家采用，其过程是：切取 0.2～0.3 mm长的茎尖接种至含有特定技术的培养基上，经分化、增殖、生根后可培养健壮脱毒株，如结合热疗法切取热疗后的茎尖 0.3～0.5 mm进行培养，其分化率脱毒率更高。该方法优点是，脱毒效果好，繁殖系数高，是目前国内外广泛采用的脱毒途径。

十六、烟草环斑病毒（*Tobacco ringspot virus*, TRSV）

（一）地理分布

主要分布于北美洲、大洋洲、欧洲、非洲等地区。

（二）寄主

可侵染 54科、300 多种植物，其中主要的经济作物有豆类、马铃薯、甘薯、烟草、西瓜、黄瓜、甜瓜、胡萝卜、唐菖蒲、百合、鸢尾、李属、苹果、葡萄、甜樱桃等。

（三）发生与危害

受烟草环斑病毒侵染的植株症状因寄主而异，通常叶片出现环状或线状纹、褪绿斑或斑驳、坏死斑；根腐烂、茎顶枯、所结的果畸形等。

（四）检疫防控方法

1. 热疗法

其方法有热水浸泡，热空气或蒸汽处理。其原理是，植物病毒在 37～40℃高温下被钝化，使其传播速度减慢或停止。

2. 茎尖组织培养脱毒

其原理是植物茎尖分出组织的 0.2 ～ 0.3 mm 内一般不含病毒，目前，该脱毒法已被很多国家采用，其过程是：切取 0.2 ～ 0.3 mm 长的茎尖接种至含有特定技术的培养基上，经分化、增殖、生根后可培养健壮脱毒株，如结合热疗法切取热疗后的茎尖 0.3 ～ 0.5 mm 进行培养，其分化率脱毒率更高。该方法优点是，脱毒效果好，繁殖系数高，是目前国内外广泛采用的脱毒途径。

十七、南芥菜花叶病毒（*Arabis mosaic virus*, ArMV）

（一）地理分布

欧洲、亚洲、非洲、北美洲、大洋洲。

（二）寄主

可侵染 174 属 215 种植物。主要为害的作物有大麻、啤酒花、黄瓜、西葫芦、莴苣、草莓、葡萄、香石竹、水仙、蔷薇、草木樨、郁金香、芹菜、薄荷、丁香、大豆、天才、马铃薯、烟草、番茄、菜豆、豇豆、蚕豆、豌豆、甜瓜、花椰菜、菠菜、胡萝卜等。

（三）发生与危害

最常见症状是叶片斑驳和脱落、植株矮化、严重畸形、耳突。症状随着寄主植物、病毒的分离物、栽培条件、季节和年份的不同而改变。

（四）检疫防控方法

1. 热疗法

其方法有热水浸泡，热空气或蒸汽处理。其原理是，植物病毒在 37 ～ 40℃ 高温下被钝化，使其传播速度减慢或停止。

2. 茎尖组织培养脱毒

其原理是植物茎尖分出组织的 0.2 ～ 0.3 mm 内一般不含病毒，目前，该脱毒法已被很多国家采用，其过程是：切取 0.2 ～ 0.3 mm 长的茎尖接种至含有特定技术的培养基上，经分化、增殖、生根后可培养健壮脱毒株，如结合热疗法切取热疗后的茎尖 0.3 ～ 0.5 mm 进行培养，其分化率脱毒率更高。该方法优点是，脱毒效果好，繁殖系数高，是目前国内外广泛采用的脱毒途径。

十八、黄瓜绿斑驳花叶病毒（*Cucumber green mottle mosaic virus*, CGMMV）

（一）地理分布

黄瓜绿斑驳花叶病毒病 20 世纪 30 年代在欧洲国家发生，60 年代因黄瓜、西瓜和瓠瓜而传入印度和日本，80 年代传入中国台湾。2002 年中国从日本引进种苗中截获，2004 年厦门从日本进口的南瓜种子上检测到 CGMMV，2005 年中国辽宁省盖州市感染 CGMMV 在我国辽宁盖州地区造成西瓜大面积毁灭，受害面积达 333hm²，约 13hm² 绝收，CGMMV 现在中国部分地区已造成西瓜毁灭性的损失。农业部发布的第 788 号公告，郑重宣布将 CGMMV 确定为全国农业植物检疫性有害生物，属国家三类检疫性病害。

目前，CGMMV 在全球主要分布在希腊（克里特岛）、罗马尼亚、中国台湾、巴西（Sao Francisco 地区）、前苏联、日本、伊朗、丹麦、印度（Delhi）、芬兰、德国、英国、沙特阿拉伯、韩国、以色列、波兰；在中国主要分布于辽宁、河北、湖北、广东和山东，发生率达 80%，河南、四川、江西、上海、新疆、陕西及宁夏等省份还未发现。

（二）寄主

自然界寄主：黄瓜、西瓜和甜瓜（*Cucumis melo*）作物，不能侵染西葫芦（*Cucurbita pepo*），在葫芦（*Lagenaria siceraria*）上也有发现。

大多数英国株系只侵染葫芦科植物（Cucurbitaceae）；日本和印度的有些株系和英国分离的一个株系能在苋色藜（*Chenopodium amaranticolor*）和／或曼陀罗（*Datura stramonium*）上产生局部枯斑（Komuro et al.，1971；Tochihara & Komuro，1974）。东欧的桃叶珊瑚分离物能够在三生烟、珊西烟（Brcák et al.，1962）上产生局部褪绿斑，在昆藜上产生系统斑纹。

（三）发生与危害

在黄瓜（*Cucumis sativus*）上产生的典型症状为叶片上出现色斑、水泡及变形，植株矮化，产量损失达 15%（Fletcher et al.，1969）；受感染的果实通常没有症状，但有些株系能够使果实导致严重的色斑和变形（Inouye et al.，1967a），有些亚洲株系在叶片上并不出现症状但是却能造成产量下降（Smith，1957）。桃叶珊瑚花叶病毒侵染黄瓜产生叶片亮黄斑驳，新叶微有变形和矮化；果实出现黄化或出现银白色的条纹斑，特别是在高温下容易出现这种症状（Komuro et al.，1971）。在西瓜上（*Citrullus vulgaris*）叶片只产生轻微的斑纹和矮化，但在果实中却造成严重的变色或使果实内部造成腐烂。

（四）检疫防控方法

1. 热疗法

其方法有热水浸泡、热空气或蒸汽处理。其原理是，植物病毒在 37 ～ 40℃高温下被钝化，使其传播速度减慢或停止。

2. 茎尖组织培养脱毒

其原理是植物茎尖分出组织的 0.2 ～ 0.3 mm 内一般不含病毒，目前，该脱毒法已被很多国家采用，其过程是：切取 0.2 ～ 0.3 mm 长的茎尖接种至含有特定技术的培养基上，经分化、增殖、生根后可培养健壮脱毒株，如结合热疗法切取热疗后的茎尖 0.3 ～ 0.5 mm 进行培养，其分化率脱毒率更高。该方法优点是，脱毒效果好，繁殖系数高，是目前国内外广泛采用的脱毒途径。

十九、毛刺属传毒种类

毛刺线虫属（*Trichodorus* Cobb, 1913）隶属于线虫门 [Nematoda（Rudolphi, 1808）Lankester, 1877]，无侧尾腺纲（Adenophorea Linstow, 1905），三矛目（Triplonehida Cobb, 1922），膜皮亚目（Diphtherophorina Goomans & . Loof, 1970），毛刺总科 [Trichodoridea（Thorne, 1935）Siddiqi, 1974]，毛刺科 [Trichodoridae（Thorne, 1935）Siddiqi, 1974]，毛刺亚科（Trichodorinae Thorne, 1935）。其中有 4 种能传播烟草脆裂病毒（*tobaccovirus*, TRV）和豌豆早褐病毒（*peaearly—browningrus*, PEBV）等病毒。分别为：圆桶毛刺线虫 *Trichodorus cylindricus*、原始毛刺线虫 *T. primitivus*、具毒毛刺线虫 *T. viruliferus*、相似毛刺线虫 *T. similis*。这四种线虫均被列入我国的检疫性名录。

（一）地理分布、寄主

种 类	地理分布	寄 主	传毒种类
圆筒毛刺线虫（*T. cylindricus*）	英国、丹麦、比利时、德国、波兰、瑞典、瑞士、法国、意大利、荷兰、西班牙、美国（佛罗里达）	该种线虫通常存在于沙质土壤中，取食寄主范围较毛刺线虫属其他种窄。路边草皮和牧场是其最佳寄主，但马铃薯、莴苣、甜菜、草莓、常绿针叶树根围土壤中也常常分离到该种线虫	烟草脆裂病毒（TRV）
原始毛刺线虫（*T. primitivus*）	英国、爱尔兰、比利时、德国、波兰、瑞士、瑞典、法国、意大利、荷兰、挪威、丹麦、保加利亚、葡萄牙、罗马尼亚、斯洛伐克、俄罗斯、美国、新西兰	主要有甜菜、卷心菜、红花苜蓿、含羞草、芹菜、玉米、紫花苜蓿、黄瓜和烟草等。其他有关的植物还有燕麦、黄杨、茶花、棉花、灰胡桃树、胡枝子、含羞草、松属、豌豆、马铃薯、普通繁缕、蓥果、西梅脯、冠状银莲花、草莓、竹蓝、李属、黑穗醋栗、葡萄、胡萝卜、北美云杉、欧洲云杉、长白松等各种针叶木和阔叶木、薄荷、酸模、橄榄、英国榆、柑橘和菊花等	烟草脆裂病毒（TRV）、豌豆早褐病毒（PEBV）

（续表）

种 类	地理分布	寄 主	传毒种类
相似毛刺线虫(*T. similis*)	英国、比利时、德国、波兰、瑞士、法国、意大利、荷兰、挪威、希腊、瑞典、丹麦、保加利亚、罗马尼亚、斯洛伐克、俄罗斯、美国（佛罗里达、密西根）	主要分布于各种林地、草坪和耕地等，有关植物包括地中海柏树、高粱、梨、唐菖蒲属、云杉属、大麦、油菜、烟草、草莓、藜、越橘、桃、英国核桃、欧洲李子、普通繁缕、胡萝卜、紫花苜蓿、多年生黑麦草、白三叶草、大麦、洋葱、辣椒、豌豆和马铃薯等	烟草脆裂病毒（TRV）
具毒毛刺线虫（*T. viruliferus*）	英国、比利时、德国、波兰、法国、意大利、荷兰、西班牙、瑞士、保加利亚、匈牙利、瑞典、美国（佛罗里达）	主要包括小麦、黑麦、大麦、马铃薯、苹果和豌豆等，其他相关植物还有甜菜、禾本科植物、葡萄、玉米、橄榄、梨、桃、番茄、洋蓟、辣椒、杨树、棒实、橡树、柑橘、无花果、柠檬、胡桃、百慕达草、蒲公英属和白松等	烟草脆裂病毒（TRV）、豌豆早褐病毒（PEBV）

（二）发生与危害

毛刺线虫属至今已发现 56 种，为多年生草本或木本植物的根部迁徙性外寄生线虫。不但直接取食植物根系造成植物根系粗短、肿大、侧根增多，并引起寄主营养不良、生长失调等危害，更严重的是已知 4 种传毒线虫传播病毒造成的损失远远大于线虫本身取食造成危害。

（三）检疫防控方法

1. 毛刺属形态鉴定特征

雄虫：热杀死后虫体尾部显著腹弯，呈"J"形，表皮不强烈膨胀，后食道腺通常不覆盖肠（但有时背面或腹面覆盖肠）。通常有 1～3 个腹中颈乳突，偶尔缺或钉 4 个，一般于齿针基部和神经环之间具 1 对侧颈孔。精子大，具呈香肠形或圆形的大精核。交合刺腹弯，光滑或具有纹饰、刚毛或缘膜。交合刺悬肌形成显著的悬肌囊包围交合刺，无交合伞（除 *T. paracedarus* 和 *T. cylindricus* 外）。通常有 3 个泄殖腔前附着器，很少为 2、4 或 5 个，通常至少有 1 个在缩回交合刺区域内。斜纹交配肌延伸到距缩回交合刺基端数倍体宽处。

雌虫：热杀死后略向腹而弯曲，双生殖腺对伸，有受精囊（除 *T. nanjingensis* 外）。阴道约占半个体宽，阴道收缩肌发达，骨化结构显著。阴门孔状或横裂，很少纵裂。通常有 1～4 对侧体孔，其中 1 对侧体孔位于阴门附近一个体宽内，并 H 通常位于阴门后。肛门位于近末端，尾短圆，有 1 对尾孔。雌虫阴道骨化结构的形状以及雄虫交合刺的形状是最重要的种类鉴定依据。

2. 防治方法

防治毛刺线虫主要是针对其作为传播病毒介体上去考虑，一般其本身对于寄主的直接影响往往考虑得较少。尽管有些作物也能减少线虫数量，但由于具毒毛刺线虫是多食性的，所以作物轮作并不有效也不实际。其他的非化学技术如犁地、使耕地休闲都已经有所尝试，它们对于减少线虫数量也是有效的。

早期的大部分化学防治都采用各种挥发性的杀线虫剂复合物，如 DBCP，D-D 或是 EDB。尽管这种化防是有效的，但用起来既困难又危险，一些杀线虫剂目前在美国和欧洲已经被禁用了。其他不具挥发性的杀线虫剂如铁灭克、呋喃丹、克线磷和万强现在已被大量的挥发性复合物所取代，这些杀线虫剂并非通过减少毛刺类线虫数发挥作用，而是通过改变线虫的行为，进而来影响它们传播病毒的能力，使其传毒能力降低。

二十、鳞球茎茎线虫

鳞球茎茎线虫 *Ditylenchus dipsaci* 是极具毁灭性的植物寄生线虫之一。洋葱被侵染后，叶片畸形、肿胀、枯萎，幼苗死亡，储藏期的球茎内部变褐，球茎变软、腐烂。鳞球茎茎线虫广泛分布温带地区，它的寄主达 500 多种，严重危害郁金香、水仙、风信子等观赏植物以及多种农作物和蔬菜。

（一）地理分布

在我国，主要分布在江苏、山东、浙江、上海等地。在外国，主要分布在温带地区，如欧洲的俄罗斯、地中海地区、阿尔及利亚、希腊、意大利、葡萄牙、西西里和西班牙；南北美洲的夏威夷；大洋洲的澳大利亚；亚洲的印度、日本；非洲的肯尼亚、南非等地。

（二）寄主

其寄主范围相当广，可以侵染为害 450 多种植物（包括许多杂草）。此线虫种内群体存在明显的生理分化现象——有超过 10 个生理小种，其中有些小种的寄主范围非常窄，像一些可以在黑麦、燕麦和洋葱上繁殖的小种系杂食性的，也能侵染许多其他的作物；而一些在苜蓿、三叶草和草莓上繁殖的小种，一般不侵染许多其他的作物；郁金香小种也可以侵染水仙，而另一个在水仙上常常易发现的小种却不能侵染郁金香。现在已知道一些生理小种间可以杂交，其后代有不同的寄生习性。鳞球茎线虫最重要的寄主主要有：蚕豆、大蒜、风信子、韭葱、苜蓿、玉米、水仙、燕麦、洋葱、豌豆、小天蓝绣球、天蓝绣球、马铃薯、黑麦、荞麦、甜菜、烟草、三叶草、起绒草、郁金香等。

进出境种苗花卉检验检疫与标准化建设
The entry-exit inspection, quarantine and standardization
construction of seed, nursery stock and flowers

（三）发生与危害

起绒草茎线虫通常称为"鳞球茎茎线虫"，是最具破坏性的植物寄生线虫之一，尤其是在温带地区。起绒草茎线虫能侵染危害450多种不同的植物。被侵染的植物茎肿胀，矮化扭曲，叶子有时畸形。燕麦和黑麦常在基部产生多余的分蘖并肿胀成典型的"郁金香根"。三叶草和苜蓿的节间随矮化肿大生长而缩短，严重侵染的植株最终死亡，特别是第二、第三年，出现作物绝收的地块。被侵染的洋葱肿大，叶子扭曲变形。许多植株死亡，球茎腐烂，有时在收获后腐烂。水仙叶子扭曲，常有特征性的灰白色肿起叫"Spikkels"，严重侵染的洋葱鳞茎被切成片时有褐色环纹。甜菜的幼苗矮化，扭曲，生长点被杀死，有多余的根茎产生，对秋季成熟植株造成侵染严重的茎腐病，与在胡萝卜和芸苔造成的症状相同。被侵染的起绒草种子由于畸形而不能用于纺织业。侵染可发生于一些植物的花序上，菜豆、三叶草、苜蓿、洋葱、起绒草等上可生成的已被侵染的种子，这些种子导致了这种线虫广泛分布。早期人们注意的是对马铃薯的为害，为害马铃薯的块茎和茎。在我国过去一直认为起绒草茎线虫可为害甘薯。

（四）检疫防控方法

1. 严格检疫

由于鳞球茎茎线虫主要以种苗、块茎传播。因此，严格执行检疫措施禁止病原物的传入和传出，对于防治该病害极其重要。

2. 建立合理的留种制度

（1）培育无病秧苗。收获前染病的甘薯和马铃薯应予以拔除销毁。

（2）建立菜苗圃，用早收的种薯繁殖，在一两年内可以得到健康的种苗。

（3）建立留种地，留种田，提倡迟种、早收。晚种适逢土壤湿度低线虫不能大量侵入。而早收则可能使线虫得不到大量繁殖的足够时间。在低温、干燥条件下贮藏，也可以免除病害，因为这种条件能限制线虫在块茎内繁殖，也能限制病害在块茎之间传播蔓延。

3. 温汤处理法

（1）球茎。特别是水仙球茎的消毒，休眠的球茎浸于44～45℃水中3小时，最好在热水浴时加入润滑剂预浸，再加入一种杀真菌剂。准确地控制时间和控制温度是十分必要的，以免对随后的开花作物造成危害，热水处理法也可用于蒜三叶草、洋葱球茎和冬葱。热水处理会对大部分的郁金香品种造成伤害，对于这些品种来说，冷水加治线磷时最好加入合适的杀真菌剂如福尔马林，这种处理方法也能应用于轻度侵染仅种植一年的水仙球茎，这样对水仙花造成的损害较小。虽然热水处理已经成功的用来防治鸢尾鳞茎上的腐烂茎线虫（*D. destructor*），但用于处理马铃薯薯块并未收到同样的效果。福尔马林浸泡和低温贮藏在前苏联进行过试验，但种前种薯的肉眼检查，似乎仍然是主要的实用方法。

(2) 种子处理。溴甲烷可用于熏蒸被浸染的三叶草、苜蓿、洋葱、冬葱、起绒草种子，但种子含水量不能超过 12%，否则种子萌芽受到影响。

4. 轮种非寄主植物

轮种年限一般为 3 ~ 4 年，但在很大程度上却决定于土壤类型、有无适宜的杂草寄主和相关鳞球茎茎线虫的生理小种。由于这种线虫有广泛的寄主范围，作物轮作在一些地区可能无效。

二十一、长针属线虫传毒种类（以模式种移去长针线虫为例）

移去长针线虫 [*Longidorus elongates*（de Man,1876）Micoletz-ky, 1922]，是杂食性外寄生线虫，能发生的土壤类型很丰富，从砂性到含砂沃土到沼泽泥地。在土层中的分布与寄主根系的深度，土壤湿度和季节有关。尽管有一些种群中雄虫很多，但是通常都进行孤雌生殖。

（一）地理分布

印度、巴基斯坦、俄罗斯、瑞典、荷兰、波兰、英国、斯洛伐克、德国、奥地利、西班牙、保加利亚、瑞典、南非、澳大利亚、新西兰、加拿大、美国。

（二）寄主

寄主范围广。包括银莲花、甜菜、草莓、樱桃、醋栗、葡萄、苹果、水仙、夹竹桃、薄荷、马铃薯、悬钩子、胡萝卜、红醋栗、苜蓿属。

（三）发生与危害

直接取食对根尖造成损害，从而影响生长发育，对胡萝卜、薄荷、草莓和甜菜造成严重的危害。逸去长针线虫还能传播悬钩子环斑病毒（RRV），番茄黑环病毒（TomBRV）。病毒保持在导环鞘的内表皮。RRV 能被传染给悬钩子，即便线虫对它的寄生关系很弱。在春天，线虫取食影响植物生长发育，并在植物叶部表现被病毒感染的症状。在春天这种影响非常显著，尤其是 5 月多雨的时候。7 月，被感染的植物继续生长，叶片也几乎正常，但主根长势弱。在薄荷上的危害从轻微的矮缩到大面积的不孕。在春末夏初症状最明显。单个植株通常矮小并表现微红，归于生长受阻碍的表现。根畸形，粗短，侧根消失。植物不旺盛并因不能吸收营养物质而死亡。通常造成地区化的或小地方的损失。

进出境种苗花卉检验检疫与标准化建设
The entry-exit inspection, quarantine and standardization
construction of seed, nursery stock and flowers

（四）检疫防控方法

1. 形态特征（Hooper, 1973）

雌虫：体形长而宽，热力杀死后呈开放"C"形至圈形。头区前端窄，头区与颈部连续或稍突出；头区向前扁平，宽度约为诱导环处体宽的一半或 2/3，口孔周围具 16 个乳突。侧器大，袋状，侧器口长为口孔与诱导环间距离的一半，侧面观侧器基部略呈叶瓣状，不清晰，侧器孔孔状，在唇的基部。齿针长而细，与口针连接部分简单；齿针延长部约为齿针长度的一半，向后变宽而厚，但不很明显。前部食道管弯曲环绕变宽，肌肉质；后部食道球长约为宽的 5 倍。食道与肠间瓣门钝凸锥形。神经环环绕于毗邻齿针延长部分的前体食道，第 2 个神经环位于第 1 个神经环后的一个体宽处，有时见不到。肠与直肠间距离约为 10 个肛门处体宽长度，直肠长度不超过肛门处体宽。尾部背面凸，腹面平或稍凹陷，尾长为 1～1.3 倍肛门处体宽。尾尖圆锥形，每侧具 2～3 个尾孔。表皮角质层一般平，在颈部和尾部内皮层加厚，体环纹明显，尾端体纹呈放射状。在食道区通常有 4～6 个腹孔，偶尔在诱导环后有一背孔。阴门横裂，约为中体部体宽的 1/3。双卵巢，对生，回折；大的卵母细胞单行排列，其余多行排列。

雄虫：前体类似于雌虫，热力杀死后体后部 1/3 腹面弯曲。交合刺突出，约 58μm，分离，背弓基部钝圆。引带基部具二叉状分枝。尾圆锥形或钝圆锥形，背面凸，腹面凹，每侧有 2 或 3 个尾孔。双精巢，对生，前精巢几乎延伸至虫体中部。大多数群体中，雄虫少见或无，在某些群体雄虫常见。

2. 防治方法

（1）轮栽

要防治靠轮栽是很困难的，因为有许多种而他们的寄主又各有不同。而且寄主范围又不清楚。轮栽主要用在地方性的且种已清楚的情况下，但前景并不乐观，因为多数中为杂食性。

（2）杀线虫剂

1, 3-Dichloropropene（1,3-D）杀线虫剂（400 lb/acre 或者 50 lb/acre 在薄荷上）此药剂通常在作物移栽前使用，能降低线虫数量。只能在碱性，排水良好的土壤使用。这项措施在经济上不合理。

二十二、剑线虫属传毒种类（以该属模式种美洲剑线虫为例）

学名：*Xiphinema americanum* Cobb.1913（sensu lato）

异名：Tylencholaimus americanum（Cobb, 1913）Micoletzky, 1922

分类地位：线虫门（Nematoda）无侧尾腺纲（Adenophorea）矛线目（Dorylaimida），长针科（Longidoridae）剑属（*Xiphinema* Cobb, 1993）

英文名：American dagger nematode

（一）地理分布

广义的美洲剑线虫发生在世界各地，然而由于新种的划定，并认为存在复合种，所以以往的报道需重新认定。CABI/EPPO（1996,1998）对 EPPO 检疫性有害生物名单涉及的 8 种剑线虫的分布进行了确认：

狭义的美洲剑线虫：加拿大及美国。

布里孔剑线虫：加拿大。

加利福尼亚剑线虫：墨西哥、美国、巴西、智利及秘鲁。

里夫斯剑线虫：法国、德国、西班牙、巴基斯坦、加拿大及美国。

短颈剑线虫：欧洲的保加利亚、匈分利、以色列、意大利、波兰、罗马尼亚、俄罗斯、斯洛伐克、西班牙、瑞士、南斯拉夫；非洲的马拉维、毛里求斯、南非；美洲的巴西及秘鲁。

厚皮剑线虫：保加利亚、捷克、法国、德国、希腊、匈牙利、意大利、马耳他、波兰、葡萄牙、罗马尼亚、俄罗斯、西班牙、瑞士、土耳其、英国、南斯拉夫、塞浦路斯、伊朗、约旦、南非及美国。

不定剑线虫和相似剑线虫：保加利亚。

（二）寄主

美洲剑线虫与寄主之间是非专化性的，常发生在农业、园艺和森林土壤中。

（三）发生与危害

根系受到广义的美洲剑线虫侵害的植物，在无病毒的情况下，地上部分一般不表现明显的特异症状。在线虫群体密度大时，一般长势衰弱，该症状在田间呈现与线虫最高群体密度相对应的小块状分布。根系严重受害时，根部近尖处膨胀。

线虫取食传毒时，病毒在作物上的特异症状开始发展，在生长季节病毒传至根部，症状首先表现在植物的地上部分。

美洲剑线虫直接为害草莓、果树、饲料豆科作物和林木，在美国已有报道，特别是在已知广义的美洲剑线虫发生的地方用杀线虫剂处理土壤能更明显地反映其危害性。而更为重要的是该线虫是一些重要的植物病毒的传播介体。番茄环斑病毒（Tomato ringspot nepovirus）是 EPPO A2 类检疫性病毒，是我国一类进境植物检疫性有害生物，可以由狭义的美洲剑线虫、布里孔剑线虫、加利福尼亚剑线虫和里夫斯剑线虫传播；烟草环斑病毒（Tobacco ringspot nepovirus）是 EPPO A2 类检疫性病毒，是我国二类植物进境检疫性有害生物，可以由狭义的美洲剑线虫、加利福尼亚剑线虫和里夫斯剑线虫传播；樱桃锉叶病毒（Cherry rasp leaf nepovirus）是 EPPO A1 类检疫性病毒，是我国三类植物进境检疫性有害生物，可以由狭义的美洲剑线虫、

进出境种苗花卉检验检疫与标准化建设
The entry-exit inspection, quarantine and standardization
construction of seed，nursery stock and flowers

加利福尼亚剑线虫和里夫斯剑线虫传播；桃丛簇花叶病毒（Peach rosette mosaic nepovirus）是 EPPO A1 类检疫性病毒，是我国二类植物进境检疫性有害生物，可以由狭义的美洲剑线虫传播；据报道，在北美病区，美洲剑线虫传播大豆的几种矮化病毒。

（四）检疫防控方法

1. 形态特征

广义的美洲剑线虫的虫体比剑线虫属其他多数种类的虫体小（体长一般不超过 2.2mm），齿针［齿尖针（odontostyle）＋齿托（odontophore）］短，其长度不超过 150μm。雌虫双生殖腺对伸，发育平衡，阴门横裂，位于体中部，子宫短，无 Z 结构。在卵母细胞和幼虫的肠道内有共生细菌，尾呈短圆锥形、末端圆。雄虫少见，其最后面一个腹中生殖乳突靠近成对的泄殖腔前乳突。

2. 防控方法

（1）农业防治

在自然界中，外寄生线虫能在土壤或野生寄主中存在较长时间。休耕只能使线虫量降低并不能消除。在移栽区有老的葡萄根存在是很严重的问题。新葡萄根会沿着老根留下的路线分布。GFLV 可以通过探测标准剑线虫的食物探测器而向健康植物根系的方向伸展。要产生免疫的根系即线虫在其上不能繁殖或不能取食目前还比较困难。被感染的葡萄园要休耕 1～2 年直到老根系全部死亡。这一措施并不经济可行。提高对 GFLV 的抵抗能力是解决这一问题的重要方法。

老根在老葡萄树移开前可用输导性除草剂杀死。一旦葡萄树移开可用土壤熏蒸剂杀死土表 2m 内的老根。土壤翻耕 30～60cm 可加快老根死亡，但未经田间试验。加热是很好的杀死老根的方法但目前加热的手段不能达到必需的温度。土壤灌溉不能杀死老根和线虫。经过长时间，轮作作物的种植可以降低线虫的虫口数。

（2）化学防治

甲基溴化物和 1，3-D 的土壤熏蒸剂对杀死土表下 1.5～2m 内的老根效果很好。合理运用这种方法可降低土表下 1.5～2m 内的所有线虫的 99.9%。经这种处理后的 2～6 年如不种有抵抗力的根系线虫将再次泛滥。高浓度的 1，3-D 在 1990 年春在加利福尼亚以被停用。在 2000 年甲基溴化物已逐渐被停用，替代的熏蒸剂必须对环境安全。然而，杀线虫剂产生的环境问题在别处也有发生。

二十三、香蕉穿孔线虫

香蕉穿孔线虫（*Radopholus similis*）又名香蕉烂根病，属垫刃目（Tylenchida）短体线虫科（Pratylenchidae）穿孔亚科（Radopholina）穿孔线虫属（*Radopholus*）。是我国禁止入境的植物检疫性有害生物，危害的寄主生物非常多。已报道的寄主植物有 350 多种。

（一）地理分布

欧洲的比利时、法国、德国、荷兰、意大利、波兰、斯洛文尼亚；亚洲的文莱、阿曼、印度、日本、韩国、越南、印度尼西亚、黎巴嫩、马来西亚、巴基斯坦、菲律宾、斯里兰卡、泰国、也门；非洲的布隆迪、喀麦隆、中非、刚果、科特迪瓦、埃及、埃塞俄比亚、加蓬、加纳、几内亚、肯尼亚、马达加斯加、马拉维、毛里求斯、莫桑比克、尼日利亚、留足汪、塞内加尔、塞舌尔、索马里、南非、苏丹、坦桑尼亚、乌干达、赞比亚、津巴布韦；美洲的阿根廷、巴巴多斯、伯利兹、巴西、加拿大、哥伦比亚、哥斯达黎加、古巴、多米尼加、厄瓜多尔、法属圭亚那、格林纳达、瓜德罗普、危地马拉、圭亚那、洪都拉斯、牙买加、墨西哥、巴拿马、秘鲁、波多黎各、圣卢西亚、基茨、尼维斯、圣文森特、格林纳丁斯、苏里南、特立尼达、多巴哥、美国、委内瑞拉、美属维尔京岛；大洋洲的澳大利亚、斐济、法属波罗尼西亚、巴布亚新几内亚、萨摩亚、汤加。在温带地区，该线虫主要在温室的观赏植物上定殖发生。

（二）寄主

香蕉穿孔线虫的寄主多达 350 多种，主要侵染单子叶植物的芭蕉科（芭蕉属和鹤望兰属植物）、天南星科（喜林芋属、花烛属植物）和竹芋科（肖竹芋属植物），但也可为害双子叶植物。主要为害的农作物和经济作物包括香蕉、胡椒、芭蕉、椰子树、槟榔树、可可、杧果、咖啡、茶树、美洲柿、鳄梨、油柿、生姜、花生、大豆、高粱、甘蔗、茄子、番茄、马铃薯、甘薯、薯蓣、酸豆、姜黄、小豆蔻、肉豆蔻、蚕豆、油棕、山葵、王棕等。但香蕉穿孔线虫不侵染柑橘。

（三）发生和危害

不同的寄主被害后所表现的症状不完全相同。香蕉被侵染后，根表面产生红褐色略凹陷的病斑，病根可见皮层红褐色条斑，随着病害的发展；根组织变黑腐烂。香蕉地上部表现为生长缓慢，叶片小，枯黄，坐果少，果实小。由于根系被破坏，固着能力弱，蕉株易摇摆、倒伏或翻蔸，故香蕉穿孔线虫病又有"黑头倒塌病"（black head toping disease）之称。其他寄主植物被害，一般表现为根部出现大量空腔，韧皮部和形成层可完全毁坏，出现充满线虫的间隙，使中柱的其余部分与皮层分开，根部坏死斑橘黄色、紫色或褐色，坏死斑外部形成裂缝，根腐烂。地上部一般表现为叶片缩小，变色，新枝生长弱等衰退症状。

香蕉穿孔线虫对香蕉和胡椒的为害是毁灭性的。在其分布地区，香蕉产量的损失主要是由其为害引起的，一般能造成香蕉减产 40% ～ 80%。1969 年苏里南的香蕉由于该线虫的为害减产 50% 以上。在印度尼西亚的邦加岛，该线虫为害胡椒，造成 90% 的胡椒树死亡，20 年内毁掉 2200 万株胡椒树。香蕉穿孔线虫还可严重为害大豆、小豆蔻、生姜、玉米、高粱、甘蔗、茄子、番茄、马铃薯、咖啡和一些观赏植物。

进出境种苗花卉检验检疫与标准化建设
The entry-exit inspection, quarantine and standardization
construction of seed, nursery stock and flowers

（四）检疫防控方法

1. 幼苗检验

先将根表皮黏附的土壤洗净，仔细观察挑选有淡红褐色痕迹的根皮，有裂缝，或有暗褐色、黑色坏死症状的根，剪成小段，放入玻皿内加清水，置解剖镜下，用漏斗法或浅盘法分离。

2. 鉴定方法

用水清洗进境植物的根部，仔细观察根部有无淡红色病斑，有无裂缝，或暗褐色坏死现象。在立体显微镜下在水中解剖可疑根部，观察是否有线虫危害。也可直接将根组织用漏斗法分离。将分离获得的线虫制片后观察，按形态特征进行鉴定。

3. 形态特征

雌虫：线形；头部低，不缢缩或略缢缩，头环 3～4 个；侧器口延伸到第三环基部；侧区有 4 条侧线。口针基部球发达，食道发育正常，后食道腺从背面覆盖肠；双生殖腺、对伸，受精囊圆形，有杆状的精子；尾呈长圆锥形，后部透明区长 9～17 μm，末端钝，有环纹。

雄虫：头部高，显著缢缩，呈球形；口针和食道显著退化，交合伞伸到尾部约 2/3 处，引带伸出泄殖腔，末端有小指状突，泄殖腔唇无或仅有 1～2 个生殖乳突。

4. 防控方法

（1）温水处理种植材料：如香蕉的球茎小于 13cm，则在 55℃温水中浸 20 分钟，可以杀死球茎内线虫。

（2）切削防治法：当根状茎基部直径大于 10cm 时，切削防治，即先剥除假茎，再切除所有变色的内生根和根状茎组织，然后削去周围一部分健康组织，将切削后留用的球茎或根状茎组织，用 0.2% 的二溴乙烷浸泡 1min 再种植。

（3）化学药剂法：对基部直径小于 10cm 的根状茎或球茎，可直接用药液浸渍杀死线虫。如用 320g 克线磷原药，加 100kg 水和 12kg 黏土，混匀后浸渍包裹根状茎，移栽后待蕉苗生长成活，每株根部再施 2.5～3g 上述浆拌剂，3～4 月用药 1 次。

（4）销毁严重感病的香蕉植株后，种植香蕉穿孔线虫非寄主植物，12 个月后再移植香蕉苗，可以消除土壤中的线虫。休闲 6 个月以上，或灌水淹没 5 个月，都可以消除土壤中的线虫。

04

主要出境种苗花卉检验检疫及防控技术

进出境种苗花卉检验检疫与标准化建设
THE ENTRY-EXIT INSPECTION, QUARANTINE AND STANDARDIZATION CONSTRUCTION OF SEED,
NURSERY STOCK AND FLOWERS

进出境种苗花卉检验检疫与标准化建设
The entry-exit inspection, quarantine and standardization
construction of seed, nursery stock and flowers

第一节　主要出境种苗花卉检验检疫

一、输往欧盟介质盆景检验检疫

（一）现场检疫

1. 环境、包装和铺垫材料的检查

检查出境盆景存放地点周围环境的植物卫生情况，要求不得感染欧盟关注的有害生物，尤其是锈病；检查装载盆景的木包装和铺垫材料有无携带检疫性或危险性有害生物，是否符合欧盟的相关检疫要求。

2. 核对盆景数量和品种

现场认真查验盆景的种类和数量是否与报检的种类、数量相符，是否混有输入国家或地区禁止进境的植物种类。

3. 抽查数量

现场随机选取盆景进行植株地上部分和地下部分的检查，批量不足 300 盆的，全部检查；批量在 3000 盆以上的，取批量的 10% 检查。

4. 植株地上部分检查

用肉眼或放大镜检查树干基部及茎干是否带有钻蛀性害虫、蜗牛、蛞蝓、螺等软体动物；检查树枝、叶片有无介壳虫、蚜虫、蓟马、鳞翅目昆虫等害虫；检查盆景的植株有无病斑、枯枝、畸形等病害症状。

5. 植株地下部分检查

用手将植株连根拔起脱离花盆，倒置植株，仔细检查植物根部有无病根、烂根及被根粉蚧壳虫或根结线虫为害；根部经冲洗干净的裸根植物盆景，直接检查根部是否有病根、烂根或根结。

6. 将现场检查发现的昆虫、软体动物或可疑的病害植株、病枝、病叶和根结，装入指形管里或样品袋内，带回室内作进一步检疫鉴定。

7. 抽样数量

（1）按出境盆景的数量和品种或规格随机抽样，每个品种或规格随机抽取 2～6 株带回实验室进行检疫。

（2）栽培生长介质的取样结合介质检查时进行，将整个植株拔起，随机在根系底部和盆面植株周围的不同部位抽取栽培生长介质。

（3）盆景批量在 3000 盆以下的，随机选取 30 盆用于栽培生长介质的取样，批量在 3000 盆以上的，则每递增 200 盆，增加取样 1 盆。

（4）每盆抽取 30～50g 栽培生长介质装在样品袋内，每批共取 1000～2000g 作为现场取样的代表样品。

（二）实验室检疫

1. 昆虫和软体动物检疫

通过形态鉴定、解剖鉴定或饲养至成虫鉴定等方法，确定现场检出的昆虫和软体动物种类。

2. 植株病害检疫

仔细检查植株茎干、枝叶、根等部位的患病组织或可疑患病组织，挑取病症部位或病原在显微镜下进行观察或作病原切片观察，必要时对病菌进行分离培养，根据所分离病原的形态特征、培养性状和致病性测定等的结果来鉴定病害种类。

3. 线虫检疫

对盆景植株根部线虫宜采用冲洗、泡浸及过筛（用400目筛收集线虫）进行分离。

对栽培生长介质上的线虫宜采用蔗糖悬浮液离心和上清液过筛（400目）进行分离。

在解剖镜下计算各样品植株的根部所含线虫数量和每50g栽培生长介质所含寄生和腐生的线虫数量，在解剖镜和显微镜下检查鉴定线虫的种类。

4. 样品保存

实验室负责送检样品的留样、废弃处理和有害生物标本的保存。

（三）结果评定出证与检疫处理

1. 检疫合格的

未发现欧盟关注的有害生物，并符合有关检验检疫规定和贸易合同或信用证等所订明检疫要求的，出具《出境货物通关单》或《出境货物换证凭单》和签发《植物检疫证书》。

2. 检疫不合格的

（1）经检疫发现欧盟关注的有害生物，或不符合有关检验检疫规定，或贸易合同或信用证等所订明检疫要求的，经检疫除害处理合格的，出具《出境货物通关单》或《出境货物换证凭单》和签发《植物检疫证书》。

（2）发现整批盆景有3盆或3盆以上感染病虫的，经除害处理合格的，出具《出境货物通关单》或《出境货物换证凭单》和签发《植物检疫证书》。

（3）需作检疫处理的

① 根据植株所感染有害生物的实际情况，在检验检疫机构的指导和监督下予以相应的杀虫、杀菌或杀线虫处理（包括喷洒、浸泡和物理切除等方法）。

② 栽培生长介质不合格的，须更换为经检验检疫合格的栽培生长介质（栽培生长介质的除害处理方法采用热处理为宜）。

3. 检验检疫不合格且无法进行除害处理的，不准出境。

4. 检疫有效期为14天。

进出境种苗花卉检验检疫与标准化建设
The entry-exit inspection, quarantine and standardization
construction of seed, nursery stock and flowers

（四）检疫监管

1. 检验检疫机构对盆景场实行检疫登记备案制度

2. 登记备案基本条件

（1）具有有效的工商营业执照和较完善的管理规章制度及专项记录档案。

（2）盆景场四周卫生状况良好，没有遮蔽性植物及锈病寄主植物，具备完善的灌溉设施和洁净水源。

（3）盆景均放置在离地面 50 ㎝以上的水泥或石棉瓦平台，并有较宽敞、便于实施检疫操作和装运的水泥场地。

（4）具有干净、独立、相对封闭的生长介质贮存场所和切实有效的介质除害处理设施。

（5）常用农药、药械及用具齐全，配备有经过培训的病虫防治人员。

（6）遵守检验检疫法律法规，没有发生过严重的检疫质量事故记录。

3. 根据欧盟的检疫要求，检验检疫机构每年至少 6 次对盆景场进行检查，检查内容主要为盆景场内外环境卫生状况、生产设施、有害生物发生及控制情况。

4. 已取得检疫登记备案的盆景场须在每年规定的时间内，向检验检疫机构提出年度审核申请，由检验检疫机构对盆景场进行审核，审核合格的，继续予以登记备案资格；不合格的，责令限期整改；经整改仍不合格的，取消其检疫登记备案资格。（已获得欧盟认可的出境盆景场注册编号见附件）

5. 检验检疫机构对出境盆景的生产、存放、装运实行监督管理；根据需要可对出境盆景、装运集装箱或包装施加封识或标志。

6. 需进行检疫除害处理的，须在检验检疫机构的指导和监督下实施。

（五）归档

检验检疫完毕后，将该批货物的有关报检和检验检疫的资料如报检单、通关单、产地证书、贸易合同或信用证、植物检疫证书、检验鉴定结果报告单、现场检验检疫记录单、检验检疫处理记录单等有关单证进行整理、归档。

（六）依据

《中华人民共和国进出境动植物检疫法》
《中华人民共和国进出境动植物检疫法实施条例》

二、输往加拿大介质盆景检验检疫

（一）现场检疫

1. 环境、包装和铺垫材料的检查

检查出境盆景存放地点周围环境的植物卫生情况，要求不得感染加拿大关注的有害生物，检查装载盆景的木包装和铺垫材料有无携带检疫性或危险性有害生物，是否符合加拿大的相关检疫要求。

2. 核对盆景数量和品种

现场认真查验盆景的种类和数量是否与报检的种类数量相符，是否混有加拿大禁止进境的植物种类。

3. 抽查数量

现场随机选取盆景进行植株地上部分和地下部分的检查，批量不足 300 盆的，全部检查；批量在 3000 盆以上的，取批量的 10% 检查。

4. 植株地上部分检查

用肉眼或放大镜检查树干基部及茎干是否带有钻蛀性害虫、蜗牛、蛞蝓、螺等软体动物；检查树枝、叶片有无介壳虫、蚜虫、蓟马、鳞翅目昆虫等害虫；检查盆景的植株有无病斑、枯枝、畸形等病害症状。

5. 植株地下部分检查

用手将植株连根拔起脱离花盆，倒置植株，仔细检查植物根部有无病根、烂根及被根粉蚧壳虫或根结线虫为害；根部经冲洗干净的裸根植物盆景，直接检查根部是否有病根、烂根或根结。

6. 将现场检查发现的昆虫、软体动物或可疑的病害植株、病枝、病叶和根结，装入指形管里或样品袋内，带回室内作进一步检疫鉴定。

7. 抽样数量

（1）按出境盆景的数量和品种或规格随机抽样，每个品种或规格随机抽取 4～10 株带回实验室进行检疫。

（2）栽培生长介质的取样结合介质检查时进行，将整个植株拔起，随机在根系底部和盆面植株周围的不同部位抽取栽培生长介质。

（3）盆景批量在 3000 盆以下的，随机选取 30 盆用于栽培生长介质的取样，批量在 3000 盆以上的，则每递增 200 盆，增加取样 1 盆。

（4）每盆抽取 30～50g 栽培生长介质装在样品袋内，每批共取 1000～2000g 作为现场取样的代表样品。

（二）实验室检疫

1. 昆虫和软体动物检疫

通过形态鉴定、解剖鉴定或饲养至成虫鉴定等方法，确定现场检出的昆虫和软体动物种类。

2. 植株病害检疫

仔细检查植株茎干、枝叶、根等部位的患病组织或可疑患病组织，挑取病症部位或病原在显微镜下进行观察或作病原切片观察，必要时对病菌进行分离培养，根据所分离病原的形态特征、培养性状和致病性测定等的结果来鉴定病害种类。

进出境种苗花卉检验检疫与标准化建设
The entry-exit inspection, quarantine and standardization
construction of seed, nursery stock and flowers

3. 线虫检疫

（1）对盆景植株根部线虫宜采用冲洗、泡浸及过筛（用400目筛收集线虫）进行分离。

（2）对栽培生长介质上的线虫宜采用蔗糖悬浮液离心和上清液过筛（400目）进行分离。

（3）在解剖镜下计算各样品植株的根部所含线虫数量和每50g栽培生长介质所含寄生和腐生的线虫数量，在解剖镜和显微镜下检查鉴定线虫的种类。

（4）样品保存

实验室负责送检样品的留样、废弃处理和有害生物标本的保存。

（三）结果评定出证与检疫处理

1. 检疫合格的

盆景植物及其介质已经CFIA检验批准，未发现加拿大关注的有害生物，并符合有关贸易合同或信用证等所订明要求的，出具《出境货物通关单》或《出境货物换证凭单》和签发《植物检疫证书》，并在植物检疫证书上附加声明："the material was produced in conformance with the Canadian Growing Media Program."（此批货物的生产符合《加拿大生长介质计划》）。

2. 检疫不合格的

（1）输加盆景植物及其介质未经CFIA检验批准，出具《出境货物不合格通知单》，不准出境。

（2）经检疫发现加拿大关注的有害生物，或不符合有关检验检疫规定和贸易合同或信用证等所订明要求的，经检疫除害处理合格的，出具《出境货物通关单》或《出境货物换证凭单》和签发植物检疫证书。

（3）发现整批盆景有3盆或3盆以上感染病虫的，经除害处理合格的，出具《出境货物通关单》或《出境货物换证凭单》和签发《植物检疫证书》。

（4）需作检疫处理的

① 根据植株所感染有害生物的实际情况，在检验检疫机构的指导和监督下予以相应的杀虫、杀菌或杀线虫处理（包括喷洒、浸泡和物理切除等方法）；

② 栽培生长介质不合格的，须更换为经检验检疫合格的栽培生长介质（栽培生长介质的除害处理方法采用热处理为宜）。

3. 检验检疫不合格且无法进行除害处理的，不准出境。

4. 检疫有效期为14天。

（四）检疫监管

1. 检验检疫机构对介质盆景场实行检疫登记注册。且其资格需得到加拿大食品检验署植物保护处的认可；盆景进口商亦必须获加国有关部门依据《加拿大植物保护条例》签发的进口许可。

2. 登记注册基本条件

（1）具有有效的工商营业执照和较完善的管理规章制度及专项记录档案。

（2）盆景场四周卫生状况良好，没有加方关注的检疫性有害生物侵染源，具备完善的灌溉设施和洁净水源。

（3）建有排水效能良好的防虫网室，盆景均放置在离地面 50 cm 以上的水泥或石棉瓦平台，并有较宽敞、便于实施检疫操作和装运的水泥场地。

（4）具有干净、独立、相对封闭的生长介质贮存场所和切实有效的介质除害处理设施。

（5）常用农药、药械及用具齐全，配备有经过培训的病虫防治人员。

（6）遵守检验检疫法律法规，没有发生过严重的检疫质量事故记录。

3. 根据中加有关协定书的检疫要求，检验检疫机构每年至少 6 次对盆景场进行检查，检查内容主要为盆景场内外环境卫生状况、生产设施、有害生物发生及控制情况。

4. 已取得检疫登记注册的盆景场须在每年规定的时间内，向检验检疫机构提出年度审核申请，由检验检疫机构对盆景场进行审核，审核合格的，继续予以登记备案资格；不合格的，责令限期整改；经整改仍不合格的，取消其检疫登记备案资格。

5. 检验检疫机构对出境盆景的生产、存放、装运实行监督管理；根据需要可对出境盆景、装运集装箱或包装施加封识或标志。

6. 需进行检疫除害处理的，须在检验检疫机构的指导和监督下实施。

（五）归档

检验检疫完毕后，将该批货物的有关报检和检验检疫的资料如报检单、通关单、产地证书、贸易合同、信用证、植物检疫证书、检验鉴定结果报告单、现场检验检疫记录单、检验检疫处理记录单等有关单证进行整理、归档。

（六）依据

《中华人民共和国进出境动植物检疫法》
《中华人民共和国进出境动植物检疫法实施条例》
《中国介质盆景试输加拿大植物检疫协定书》

（七）附件

1. 可作为介质盆景试输加拿大植物名单

（1）Tropical plant species, e.g. *Bambusa* spp., *Carmona* spp., *Rhapis* spp. And others that would not survive in a temperate climate.

进出境种苗花卉检验检疫与标准化建设
The entry-exit inspection, quarantine and standardization
construction of seed, nursery stock and flowers

(2) *Serssa foetida, Serissa serissoides*

Buxus sinica, Buxus harlandii

Sageretia theezans

Gardenia jasmenoides, Gardenia varigata

Ficus retusa

Celtis sinensis

Wichelta alba dc.

Aglaia odorata

Ginkgo biloba

Ligustrum obtusifolium

Podocarpus spp.

Ulmus spp. (for shipments destined to Ontario, Quebec and New Brunswick)

Zelkova spp.(for shipments destined to Ontario, Quebec and New Brunswick)

2. 加拿大禁止进境植物种类名单

本名单列出的是不允许从中国出口到加拿大或加拿大的特别省份的植物种类，但并不包括全部的禁止种类，PPD 可根据具体的 PRA 分析报告来禁止其他植物种类。

针叶类

(a) 冷杉属（*Abies* spp.）（禁止进入不列颠哥伦比亚省）

(b) 刺柏属（*Juniperous* spp.）

(c) 落叶松属（*Larix* spp.）

(d) 石栎属（*Lithocarpus* spp.）

(e) 云杉属（*Picea* spp.）

(f) 松属（*Pinus* spp.）

(g) 金钱松属（*Pseudolarix* spp.）

(h) 黄杉属（*Pseudotsuga* spp.）

果树和葡萄类

(a) 栗属（*Castanea* spp.）

(b) 锥属（*Castanopsis* spp.）

(c) 木瓜属（*Chaenomeles* spp.）

(d) 榛属（*Corylus* spp.）

(e) 山楂属（*Crataegus* spp.）

(f)*Cydonia* spp.

(g) 苹果属（*Malus* spp.）

(h) 李属（*Prunus* spp.）

(i) 梨属（*Pyrus* spp.）

(j) 所有温带小型果果树种类，包括但并不限于茶子属（*Ribes* spp.）、越橘属

（*Vaccinium* spp.）和草莓属（*Fragaria* spp.）。

（k）葡萄属（*Vitis* spp.）

其他种类

（a）杨属（*Populus* spp.）

（b）栎属（*Quercus* spp.）

（c）榆属（*Ulmus* spp.）（仅允许输往安大略省、魁北克省和新不伦瑞克省）

（d）榉属（*Zelkova* spp.）（仅允许输往安大略省、魁北克省和新不伦瑞克省）

（e）所有小蘖类植物，包括小蘖属（*Berberis* spp.），*Mahoberberis* spp.，十大功劳属（*Mahonia* spp.）。

（f）鼠李属（*Rhamnus* spp.）

3. 加拿大许可的介质

Baystrat

木炭 charcoal (from hardwood)

陶粒 clay pellets (expanded or baked, e.g. Argex)

可可豆荚碎 cocoa pods (ground)

椰糠 coconut hust (ground)

咖啡豆荚碎 coffee hulls (ground)

floral foam (i. E. oasis)

云母片 mica (flaked)

纸 paper (e. g. recycled)

泥炭 peat

珍珠岩 perlite

聚氨酯海绵 polyurethane sponge

浮石 pumice

矿棉 rockwool (e. g. Grodan)

泥炭藓 sphagnum

泡沫聚乙烯 Styrofoam

合成海绵 synthetic sponge

蛭石 vermiculite

火山灰 volcanic ash or cinder

沸石 zeolite

煤渣 coal ash or cinder

三、出境裸根盆景检验检疫

进出境种苗花卉检验检疫与标准化建设
The entry-exit inspection, quarantine and standardization
construction of seed，nursery stock and flowers

（一）现场检疫

1. 检查环境卫生状况

检查出境裸根盆景存放点周围环境和其他盆景的植物卫生情况，要求不得感染输入国家或地区关注的有害生物。

2. 核对出境裸根盆景数量和品种

现场查验所出境盆景的品种和数量是否与报检数量相符，是否混有输入国家或地区禁止进境的树种，检查所采用的保湿、包装材料是否符合输入国家或地区的检疫要求。

3. 检查盆景植株

检查植株根部是否冲洗干净，有无残余土壤、是否有病和钻蛀性害虫及烂根或根结；检查植株茎部有无钻蛀性害虫为害、叶片和枝条有无感染介壳虫、蚜虫、蓟马等害虫、有无病斑、枯枝等病害症状，植株是否黏附有蜗牛、蛞蝓、螺等软体动物。

现场随机选取盆景进行检查，每批至少检查300盆，批量不足300盆的，全部检查；批量在3000盆以上的，取批量的10%检查。

4. 抽样

按出境裸根盆景的数量、品种或规格随机抽样，每个品种或规格抽取2～6株带回实验室进行检验；并将所有在现场检查发现的昆虫、软体动物或可疑的病害植株、病枝、病叶和根结，装在指形管或样品袋内，带回室内作进一步的检验和鉴定。

（二）实验室检疫

1. 昆虫和软体动物检疫

通过形态鉴定、解剖鉴定或饲养至成虫鉴定等方法来确定现场检获的昆虫和软体动物种类。

2. 植株病害检疫

仔细检查植株茎干、枝叶、根等部位的患病组织或可疑患病组织，挑取病症部位或病原在显微镜下进行观察或作病原切片观察，必要时对病菌进行分离培养，根据所分离病原的形态特征、培养性状和致病性测定等的结果来鉴定病害种类。

3. 线虫检疫

对盆景植株根部线虫宜采用冲洗、泡浸及过筛（用400目筛收集线虫）进行分离；在解剖镜下计算各样品植株的根部所含寄生和腐生的线虫数量，在解剖镜和显微镜下检查鉴定线虫的种类。

4. 样品保存

实验室负责送检样品的留样、废弃处理和有害生物标本的保存。

（三）检疫处理

1. 根据输入国家或地区的检疫要求、政府及政府主管部门间双边植物检疫协定、协议、备忘录和议定书中规定及贸易合同或信用证订明的检疫处理要求以及中国的有关植物检疫规定，在检验检疫机构的指导和监督下进行除害处理。

2. 根据植株所感染有害生物的实际情况，在检验检疫机构的指导和监督下予以相应的杀虫、杀菌或杀线虫处理（包括喷洒、浸泡和物理切除等方法）。

（四）签证放行

1. 检疫或口岸查验合格的

符合输入国家和地区的植物检疫要求及贸易合同或信用证中有关检验检疫要求的，出具《植物检疫证书》《出境货物换证凭单》《出境货物通关单》等有关单证。

2. 检疫或口岸查验不合格的

（1）不符合输入国家和地区的植物检疫要求、贸易合同或信用证中有关检验检疫要求的，经有效方法处理后允许出境并出具《植物检疫证书》《出境货物换证凭单》、《出境货物通关单》等有关单证。

（2）无有效方法处理的，签发《出境货物不合格通知单》，不准出境。

3. 检疫有效期为 14 天。

（五）归档

检验检疫完毕后，应将该批货物的有关报检和检验检疫资料如报检单、通关单、贸易合同或信用证、植物检疫证书、检验鉴定结果报告、现场检验检疫记录单、检验检疫处理记录单、监管记录等有关单证进行归档。

（六）依据

1. 《中华人民共和国进出境动植物检疫法》
2. 《中华人民共和国进出境动植物检疫法实施条例》
3. 政府及政府主管部门间双边植物检疫协定、协议、备忘录和议定书中规定的禁止传带的有害生物。

四、出境切花、切叶（枝）检验检疫

（一）现场检验检疫

1. 准备工作

（1）审核单证，制定检疫方案。

（2）审单：根据出境花卉的品种、输入国家和地区，查阅有关法律、法规、协议、备忘录、合同等资料，明确检疫要求，拟定检疫方案。

（3）检疫工具的准备：根据应检货物种类做好相应检疫工具的准备，一般应有手持放大镜、样品筛、白瓷盘或8K以上白纸若干张、剪刀、镊子、毛笔、指形管、脱脂棉、样品袋等。

2. 检疫地点的确定

根据出境花卉的数量、是否进行除害处理和相应检疫要求，确定检疫地点。

3. 检疫

（1）核对报检单上所填产地、品种、件数、重量、包装唛头等是否与实际堆存货物相符。

（2）抽样方法：随机抽取样品并开箱检查。

（3）抽样数量：以同一品种、等级、包装类型、运输工具为一个抽样检疫单位（批），按下表规定确定抽样件数。

总件数	抽样件数
≤ 250	5
251 ~ 1000	5 ~ 20
1001 ~ 2000	20
2001 ~ 5000	20 ~ 50
> 5001	50

（4）将抽取的切花样品放在白磁盘（或用白纸代替）上，用抖动、拍击、解剖、剥开等方法检查切花是否携带昆虫，以及是否有烂花、烂叶、茎腐、病斑等情况，其中香石竹可能携带叶螨（红蜘蛛）、蓟马、菜青虫和锈病，满天星可能携带蓟马和潜叶蝇，玫瑰可能携带蚜虫、叶螨和白粉病，菊花可能携带蚜虫和白粉病，勿忘我可能携带蓟马、叶螨。然后将携带可疑病状或外观异常的花、叶及昆虫装入样品袋或指形管中，带回实验室进行检验、鉴定。

4. 口岸检验检疫机构按照《出境货物口岸查验规定》等有关规定进行查验，并做好查验记录。

（二）实验室检疫

1. 昆虫和螨类检疫

对叶面、叶背、枝条、花朵内等部位进行详细检查，将查获的昆虫和螨类进行鉴定，对部分一时难以鉴定的昆虫还可依其习性进行室内人工饲养至一定虫态后再进行鉴定，并制作标本予以保存。

2. 对可疑病害进行镜检，必要时进行病原菌分离培养鉴定。

3. 样品保存

实验室负责送检样品的留样、废弃处理和有害生物标本的保存。

（三）结果评定出证与检疫处理

1. 检验检疫或口岸查验合格的

符合输入国家和地区的植物检疫要求、安全卫生项目检测标准、政府和政府主管部门间双边植物检疫协定、协议、备忘录和议定书及贸易合同或信用证中有关检验检疫要求的，出具《植物检疫证书》、《卫生证书》、《检验证书》、《出境货物换证凭单》、《出境货物通关单》等有关单证。

2. 检验检疫或口岸查验不合格的

不符合输入国家和地区的植物检疫要求、安全卫生项目检测标准、政府和政府主管部门间双边植物检疫协定、协议、备忘录和议定书及贸易合同或信用证中有关检验检疫要求的，但经有效方法处理并重新检验检疫合格的，允许出境并出具《植物检疫证书》、《卫生证书》、《检验证书》、《出境货物换证凭单》、《出境货物通关单》等有关单证。无有效方法处理的，签发《出境货物不合格通知单》，不准出境。

3. 对输入国家或地区、货主要求出具熏蒸证书的，在实施熏蒸处理后，出具《熏蒸/消毒证书》

熏蒸操作见本手册第五章"植物检疫除害处理"。

4. 出境切花、切叶（枝）检疫有效期一般为 21 天。

5. 经检疫发现活体害虫的，采取熏蒸、杀虫剂浸泡等措施进行检疫除害处理

（1）溴甲烷熏蒸处理香石竹切花指标为 22℃、45g/m³、1.5 小时。

（2）溴甲烷熏蒸处理玫瑰、百合切花指标为 22℃、35g/m³、1.5 小时。

（3）对菊花、满天星、马蹄莲等切花不能进行溴甲烷熏蒸处理。

6. 如病害症状严重不符合要求的，必须重新加工，如摘除有病或腐烂的枝、叶、花等。必要时进行换货处理，并重新报检。

7. 贸易双方约定有特别处理要求的出境花卉，在满足输入国家或地区检验检疫要求的前提下，按该要求进行处理。

（四）归档

1. 文案归档

检验检疫完毕，应及时将在整个检验检疫过程中形成的文案资料按以下类别进行整理归档：

（1）出境货物报检单及相关检验检疫流程记录。

（2）检验检疫机构出具的证单和证稿类的留存联：如出境货物通关单、植物检疫证书、熏蒸/消毒证书、卫生证书、检验证书、出境货物换证凭单等。

（3）检验检疫原始记录类：如现场检验检疫记录单、监管记录、实验室检验检疫

报告等。

 （4）贸易及运输类单证资料：如合同或信用证、装箱单、配载图/舱单等。

 （5）货主声明或证明类单证：如代理报检委托书（仅适用于代理报检时用）。

 2. 对现场、实验室拍摄的图片、影像等资料及有害生物标本妥善保存。

（五）依据

 1.《中华人民共和国进出境动植物检疫法》

 2.《中华人民共和国进出境动植物检疫法实施条例》

 3.《出入境检验检疫机构实施检验检疫的进出境商品目录》

 4. 国家质检总局 2001 年第 16 号局令《出入境检验检疫报检规定》

 5. 国家出入境检验检疫局 国检法［2000］63 号《出境货物口岸查验规定》

第二节　出境种苗花卉主要有害生物及其检疫防控技术

一、星天牛 (*Anoplophora chinensis*)

 自 2007 年以来，我国输欧的星天牛寄主植物多次被欧盟截获星天牛幼虫屡次销毁。2010 年 7 月，欧盟出台新的输欧星天牛寄主植物监管规定，2012 年 4 月 30 日前要求全面禁止中国产槭属植物输欧，并在 2012 年 4 月 30 日前重新评估我国星天牛防控措施有效性。星天牛寄主植物输欧形势艰险，破解星天牛幼虫防治难题已经迫在眉睫。

 红枫等槭属植物是天牛寄主植物。依照欧盟要求，这些植物需等到落叶休眠时才能出口欧盟。冬季，星天牛正好处于幼虫越冬状态，除破坏性检查外，其他外观检查均难以发现隐藏在植物茎秆中的越冬幼虫，而越冬幼虫耐药性强，药剂防治幼虫的效果极差。因此，选择防治时间是星天牛防治工作中应该首先考虑的问题。

（一）发生与为害

 幼虫在植株基干为害，蛀食树木的木质部和韧皮部，使树势衰弱，危害严重时可导致树木死亡。成虫咬食嫩枝皮层，形成枯梢，取食叶片成缺刻状。

（二）寄主

星天牛寄主范围广，有木麻黄、苦楝树、柏杉、马尾松、香椿、油桐、悬铃木、泡桐、板栗、桦木、桉、桃、杏、无花果、枇杷、樱桃、苹果、梨等 19 科 29 属 48 种植物被记录为寄主。

（三）防治方法

星天牛在国内分布广泛，危害巨大，目前，主要使用防治措施有：检疫措施、化学措施、物理措施、生物措施等。

1. 检疫措施

对可能携带星天牛的苗木、种条、原木、木制品实行严格的检疫，重点检查有无天牛的卵槽、入侵孔、羽化孔及活虫体，发现后及时处理。对有排泄孔和虫粪的要禁止外运，防止这些原木携带害虫扩散蔓延。

2. 物理措施

(1) 加强经营管理：合理抚育，清除林地周围的被害木，把冬季修枝改为夏季修枝，以提高干皮温度，降低相对湿度，改变卵的孵化条件，增大初孵幼虫的死亡率，降低对树木的危害。加强水肥管理，增强树势，降低星天牛卵及幼龄幼虫的死亡率。及时伐除严重受害树，减少天牛虫源。

(2) 人工捕杀：在 6 ～ 8 月结合修剪疏枝，便于查看树权处的天牛虫卵，在产卵期刮除虫卵。利用星天牛中午下行习性，派专人人工锤杀刚刚孵化的幼虫。也可利用成虫的趋光性进行捕杀。

3. 化学防治

(1) 树干涂白：成虫发生前，在树干基部 80 cm 以下涂刷白涂剂可有效预防成虫产卵。白涂剂配方为：石灰 10 kg + 硫磺 1 kg + 动物胶适量 + 水 20 ～ 40 kg。

(2) 注射法防治：对于高大的树体，可采用注射法防治。在 4 月下旬到 5 月上旬幼虫开始活动时，距树根 20 ～ 30 cm 处用打孔机打 1 ～ 3 个孔，一般深度在 4 ～ 6 cm 之间，孔与树干向下成 30°～ 45°角。向孔内注射煤油和 2.5% 溴氰菊酯乳油混合液（1：10）、煤油与 40% 氧化乐果乳油混合液（1：20）或煤油与 3% 苯威乳油（1：10），一般每孔注射 20 ～ 30mL，注射后立即用黏土封住钻孔，防止药剂挥发。也可在 9 月中下旬，向遭受虫害的树虫孔内注射上述药剂，每孔注射 2～5mL，注射后立即封住虫孔，防止药物挥发和害虫逃逸。

(3) 熏蒸灌根法：胸径 6cm 以下的幼树，幼虫主要在 2m 以下的主干上危害，可用熏蒸法防治。每个排粪孔插入 1 根磷化锌毒签或 1/4 片磷化铝，用泥密封，防效可达 90% 以上。用 45% 辛硫磷乳油 300 倍液或 40% 甲基异硫磷乳油 500 倍液浇灌树的根部，每株用药量在 0.5 ～ 1 kg。

进出境种苗花卉检验检疫与标准化建设
The entry-exit inspection, quarantine and standardization
construction of seed, nursery stock and flowers

(4) 喷洒药剂：对于虫株率 15% 以上的片林，在星天牛产卵高峰期，应向树体喷洒 45% 辛硫磷乳油 200 ～ 300 倍液，条件允许下，每 10d 喷洒 1 次，可有效地灭杀刚孵化的天牛幼虫。据观察，7 月中旬～ 8 月中旬为成虫羽化盛期，向枝干喷洒绿色威雷 300 ～ 400 倍液、40% 乐果乳油 +50% 敌敌畏乳油（1 ∶ 1）1000 倍液或 25% 西维因可湿性粉剂 150 ～ 200 倍液喷树冠 2 次，可有效防治成虫。

(5) 浙江出入境检验检疫局相关植检管理及科研人员根据刚羽化的星天牛成虫必须经补充营养才能交尾产卵的习性，在星天牛成虫羽化期，将药剂喷洒在星天牛喜食的槭属植物上，使成虫来不及产卵就被毒杀，从而解决防治幼虫的难题。

试验结果表明，8% 绿色威雷水剂 500 倍液、18% 杀虫双水剂 400 倍液及 40% 氧乐果乳油 800 倍液，其中 8% 绿色威雷水剂 500 倍液更能在一天内 100% 杀灭星天牛成虫，因此这些方案及更小的稀释倍数都是满足出口检疫监管要求的有效处理，可运用于出口槭属植物上星天牛成虫的药剂防治。

4. 生物措施

(1) 营造混交林：种植诱饵树或是趋避树：围绕寄主树种、天牛、有益生物、生存环境四者之间的相互关系来调控，以低比例的诱饵树诱集天牛成虫，采取多种实用易行的防治措施杀灭所诱集的天牛。

(2) 利用病原真菌：白僵菌、绿僵菌、拟青霉等多种病原菌对星天牛有很好的致病作用。王素英等通过不同病原真菌对星天牛幼虫致病力的测定表明，粉拟青霉 9101、球孢白僵菌 Z28 和卵孢白僵菌寄生率均为 100%，粉拟青霉 Z26 寄生率为 87.5%。张波等也筛选出最高致病死亡率达 100% 的球孢白僵菌和致病死亡率为 75% 的金龟子绿僵菌。从日本引进的布氏白僵菌（*Beauveria brongniartii*）对星天牛成虫的致死率为 78.3%。

(3) 利用微粒子虫：星天牛微粒子虫（*Nosenma glabripennis Zhang*）是新发现的一种天牛病原物，目前分析它对天牛幼虫的感染途径主要是经口感染。研究表明星天牛微粒子虫对该虫有较强的致病力。

(4) 利用病原细菌：黏质沙雷氏菌（*Serratia marcescens*）、BH-1 细菌室内试验显示 2 种细菌对天牛低龄幼虫有致死作用。从拟谷盗虫尸中分离到一株对鞘翅目害虫星天牛幼虫毒杀作用明显的 Bt 菌株 Bt886 对幼虫死亡率高达 60%，存活者生长明显受到抑制。

(5) 王素英等发现产碱假单胞菌（*Pseudomoylas alcaligenes*）、恶臭假单胞菌（*P. putida*）、成团肠杆菌（*Enterbacter agglomerans*）等细菌对幼虫的寄生率在 30% 以上。

(6) 利用病原线虫用 2000 头 /mL 昆虫病原线虫 *Steinernema bibionis* Otio 和 *S. feltiae* All 药液注射虫孔或用药棉吸附药液堵塞虫孔，使星天牛幼虫致死率达 86.9% 和 74.6%。

二、蚜虫类

（一）发生与危害

蚜虫俗称腻虫、蜜虫，为害多种花卉，主要聚集在嫩梢、花蕾和叶背刺吸植物汁液，被害的植株枝叶发黄变形，花蕾败坏，花期缩短，花窖碱色，严重时会使植株萎蔫而死亡。同时蚜虫排出的大量蜜露，可诱发煤污病，严重影响光合作用。蚜虫一年四季都有发生，气候干燥、气温适宜时容易发生，一般在气温 29℃ 下，湿度在 20% 左右繁殖最快。

（二）寄主

主要为害月季、石榴、菊花、柘枝、百合、郁金香等。

（三）防治方法

（1）及时检查，发现少量蚜虫后可用毛笔蘸水刷除，避免刷伤嫩梢、嫩叶，刷下的蚜虫要及时处理干净，以防蔓延。

（2）取 2～3 片臭椿叶剪碎，加水 10～15 倍煮沸 1h，将其滤液用喷雾器喷杀蚜虫。

（3）取一个鸡蛋或鸭蛋打碎倒入瓶中，加 1～2mL 食油，再加 200mL 冷水，盖上瓶盖，上下振荡若干次，稍停片刻，待液面无油花浮起即可喷施，对蚜虫、叶螨也有一定效果。

（4）用鲜尖椒或干红辣椒 20～50g，加水 1kg 煮沸，用其清液喷洒受害植株，能防治蚜虫、螨类等害虫。

（5）用洗衣粉 3～4g，加水 100g，搅拌成溶液后连喷 2～3 次。

（6）用风油精加水 600～800 倍溶液，用喷雾器对害虫仔细喷洒，使虫体沾上药水杀灭蚜虫及蚧壳虫等效果都在 95% 上，而对植株不会产生药害。

（7）将洗衣粉、尿素、水按 1∶4∶100 的比例搅拌成混合液后，用以喷洒植株可达到灭虫、施肥一举两得的效果。

三、螨虫类

（一）发生与危害

叶螨又称火龙，体形小，红色，肉眼可看到，是专门危害花卉的叶片、花朵的害虫。常大量聚集叶背刺吸汁液。破坏叶片组织，常使叶片失绿，呈斑点、斑块，或卷曲、皱缩，严重时整个叶子枯焦，似火烤，造成花蕾早期萎蔫。有的具有结网习性，严重时植株死亡，对花卉生长危害最大。气温高，干燥条件下易发生，夏季 7～8 月高温酷暑利于其繁殖和传播，是高发期。

进出境种苗花卉检验检疫与标准化建设
The entry-exit inspection, quarantine and standardization
construction of seed, nursery stock and flowers

（二）寄主

可为害多种花卉，如月季、牡丹、蜀葵、迎春、茶花、天竺葵、野榆、雀梅、五针松等。

（三）防治方法

（1）增加湿度和适当通风，可减少叶螨的滋生。

（2）化学防治常用农药有73%虫螨特乳油 1000～1500 倍液、5% 尼索朗特乳油 1500～2500 倍液、20% 三氯杀螨醇可湿性粉剂 100 倍液、20% 双甲脒乳油 1000～1500 倍液，连续使用 3～4 次。

（3）喷洒烟草水，配方：烟草末 40g，加水 1 kg，浸泡 48h 后过滤，使用时将原液再加 1kg 水，另加洗衣粉 2～3g，搅匀后喷洒。

（4）取面粉 4g，放入瓷瓶内，加少许水调成糊状，再加 200mL 开水，冷却过滤后喷施。

（5）取一般洗衣肥皂切成薄片，用开水溶化（按 1：60～70 比例加水），冷却后喷施可防治叶螨、蚜虫，如用肥皂水浸泡烟头，可提高防效，并兼治粉虱、叶蝉等。

（6）用柑橘皮加水 10 倍左右浸泡昼夜，过滤之后用以喷洒植株，可防治红蜘蛛蚜虫。如用以浇花可防治土内的线虫。

（7）取 50g 草木灰加水 250g，充分搅拌，浸泡两昼夜过滤，再加 3g 洗衣粉调匀后喷洒，每日 1 次，连续 3 天；隔一周再连喷 3 天，可消灭第二代害虫，同时还可消灭蚜虫和蚧壳虫放土中可消灭蛆虫。

（8）洗衣粉 15g、20% 烧碱 15mL、水 7.5 kg，三者混匀后喷雾，一两天后检查，红蜘蛛的成螨、若螨的死亡率为 94%～98%。

（9）用点燃的蚊香一盘，置于病株盆中，再用塑料袋连盆扎紧，经过一个小时的烟熏后，不论成虫还是虫卵均可杀死。这是既节省又见效的好办法。

四、蚧壳虫

（一）发生与危害

俗称树虱子，种类较多，虫体被一层角质的甲壳包裹着，以若虫和雌成虫的刺吸式口器吮吸植物汁液，造成被害植株生长不良、叶片泛黄、提早落叶、减弱生长势等现象，同时蚧壳虫排出的大量蜜露又可诱发煤污病的发生，常年为害，严重的使植株枯死。

（二）寄主

为害多种花卉，如无花果、月季、牡丹、刺玫、绣球、茶花、抹桑、含笑、海桐、榕树等。

（三）防治方法

（1）对蚧壳虫的防治适期应掌握在幼虫孵化盛期，及时检查，早期防治，虫量少时，可用毛刷或竹片进行人工刷除或剪掉被害枝叶，集中烧毁。

（2）化学防治常用药剂有 40% 氧化乐果乳油 800 ～ 1000 倍液、25% 灭蚜松乳油 1000 ～ 1500 倍液、20% 速扑杀乳油 1500 ～ 2000 倍液。每 7 天喷药 1 次，连续 2 ～ 3 次。

（3）取烟灰缸内的烟头、烟灰各 1 份，加水 40 ～ 50 份，浸泡 1 昼夜，捣烂过滤后喷施，对初孵的蚧壳虫有一定的效果。

（4）可参考白粉虱的防治措施。

（5）用酒精轻轻地反复擦拭病枝就能把蚧壳虫除掉。且能除得干净彻底。连幼虫也能除净。第二年很少发现有蚧壳虫的危害。

（6）用白酒兑水，比例 1 ：2，治虫时浇透盆土的表面。蚧壳虫在春季气温 7℃ 时便开始活动，可在 4 月中旬浇一次，此后每隔半月左右浇一次，连续 4 次见效。

（7）用米醋 50mL，将小棉球放入醋中授湿后。用湿棉球在受害的花木茎叶上轻轻地揩擦即可将蚧壳虫杀死此法方便、安全，既能达到除虫的目的，能使被害叶片返绿光亮。

（8）用柴油、洗衣粉、水按 10 ：0.6 ：6 的比例调成母液，此时母液含 60% 呈牛奶状，用水稀释成古有 30% 的药液后，对米兰、金橘、苏铁上的蚧壳虫仔细喷洒。一周后，蚧壳虫大部分由原来新鲜的橙色变成干瘪状态，说明此法对蚧壳虫有较好的防治效果。

五、粉虱类

（一）发生与危害

粉虱又称小白蛾，是危害花卉的重要害虫之一。以成虫或若虫聚集于寄主幼嫩叶背处刺吸汁液，受害叶片退色、变黄、萎蔫甚至枯死。此外，成虫和幼虫分泌的蜜露易诱发煤污病和病毒病。

（二）寄主

可为害多种花卉，如倒挂金钟、扶桑、月季、瓜叶菊、兰花、牡丹、无花果等。

（三）防治方法

进出境种苗花卉检验检疫与标准化建设
The entry-exit inspection, quarantine and standardization
construction of seed, nursery stock and flowers

（1）化学防治应在植株生长期掌握喷药时间，可用 40% 乐果乳油、80% 敌敌畏乳油、50% 辛硫磷乳油 100 倍液喷洒，对成虫和若虫均有效，隔 5 ～ 7 天喷 1 次，连续 3 ～ 4 次，能控制成虫和若虫的危害。

（2）将夹竹桃的枝叶切碎，加水煮沸半小时，过滤可喷杀粉虱和蚜虫、蚧壳虫。

（3）取一根小木棍，一端捆上小棉球蘸敌敌畏药液，将另一端插在受害植株的盆中，粉虱、蚜虫等害虫很快会被杀死，如果虫害比较严重，再用一个塑料袋把花盆套上，经 4 ～ 5h 后害虫会被熏死。

（4）将洗衣粉用水稀释 400 倍，对虫体喷雾，每隔 5 ～ 6 天喷 1 次，连喷 2 ～ 3 次，可杀死白粉虱成虫、卵和若虫。同时还可防治蚜虫、蚧壳虫。但是，肥皂水和洗衣粉水不宜长期使用，否则对盆栽土易造成碱性，不利于花卉生长。

六、斑潜蝇（*Liriomyza* spp.）

（一）发生与危害

斑潜蝇是一类主要危害蔬菜和花卉的重要害虫，在各发生地均造成严重为害。幼虫钻入花卉的叶肉里把叶片穿成一道道弯弯曲曲的黄白色隧道。从 5 月开始危害持续到 8 月。原分布在巴西、加拿大、美国、墨西哥、古巴、巴拿马、智利等 30 多个国家和地区，我国于 1993 年在海南省三亚市（保护地）蔬菜上发现美洲斑潜蝇（*Liriomyza sativae* Blanchard）后，又相继于 1994 年在云南昆明市进口花卉上发现南美斑潜蝇（*L. huidobrensis* Blanchard）。现已扩散到广东、广西、云南、四川、山东、北京、天津、陕西、甘肃、湖南、湖北等 20 多个省、市、自治区，大部分蔬菜产区连片暴发为害，一般田块虫株率达 30%，严重的达 100%，造成减产 30% ～ 40%，受害特别严重的地块失收。斑潜蝇成为蔬菜和花卉生产上的毁灭性害虫，并被许多国家列为检疫对象。

（二）寄主

主要为害三色堇、紫罗兰、凤仙花、矮牵牛、金盏菊、百日菊、虞美人、雏菊、菊花、瓜叶菊、非洲菊、报春花、花毛茛等。

（三）防治方法

1. 农业防治

在整地时应深翻土，最好用水淹地 3 天以上，就可有效地消除土壤中植物残体上的斑潜蝇，因为斑潜蝇的任何一个虫态都是忌水的。对水旱轮作及进行了深翻淹地与按一般耕作的地块进行斑潜蝇发生受害率调查，结果是水旱轮作及进行了深翻淹地的受害率低得多。这说明了种前深翻淹地是控制田间虫口非常有效的方法。

2. 做好田间花卉斑潜蝇发生调查监控虫情

在每年 2 月下旬到 3 月中旬斑潜蝇成虫羽化期间，当田间花卉受害叶片出现刺伤斑点或出现极细小潜道时，应根据虫情作出预报。这时 1 ～ 2 世代发生整齐，是防治幼虫和成虫的极好时机，及时防治对减少虫源基数很有作用。以后各世代重叠发生，难以针对某一虫态进行药剂防治。田间花卉虫情监控主要通过调查花卉受害情况，结合黄板诱杀监测而作出虫情预报，以指导防治。

3. 物理防治

主要应用黄板诱杀，效果较好且无污染，但成本较高，使用黄板诱杀主要与虫情监测结合。也可采用自制黄板诱杀（在黄色板上涂凡士林或有黏性的物质）。

4. 化学防治

结合田间花卉斑潜蝇的虫情调查，对不同的花卉采用不同的化学防治指标。对瓜叶菊、虞美人、菊花等受害严重的花卉，在成虫高峰期（黄板监测）3 天内或花卉有虫株率达 3% ～ 5% 时就应施药防治；其他发生危害相对较轻的花卉应在成虫高峰期 5 天后或有虫株率达 10% ～ 15% 时施药防治。根据这个防治指标基本上就能较好地控制花卉斑潜蝇发生。防治效果较好的药剂有 1.8% 爱福丁 3000 倍液，20% 绿宝素 3000 倍液，2.5% 功夫 6000 倍液 48% 乐斯本 1500 倍液。

七、蓟马类

（一）发生与危害

蓟马种类繁多，有植食性、捕食性和杂食性等种类，且以植食性为主。蓟马主要为害花卉的花、果、叶、芽、嫩梢等处，而以花上居多，可通过直接取食、产卵和传播病毒对植物造成危害。取食时先以左上颚锉破植物的表皮，然后用突出的短喙吸吮汁液。花卉被害后常出现银灰色条形或片状斑纹，造成叶片扭曲，嫩梢卷缩。花蕾受害，可造成嫩叶皱缩卷曲，甚至黄化、干枯、凋萎，花瓣褪色、皱缩、扭曲等症状。受到侵染的花蕾，破坏了雌雄蕊组织，导致花卉提早凋谢，花朵畸形，影响结实，严重者造成花不能正常开放，影响了花卉的外观品质和商品价值。蓟马产卵在植物组织时造成某些植物局部死亡或有褪色的斑点，有的种类还可传播病毒病，植物感染病毒后的症状因寄主植物不同变化很大。如西花蓟马传播番茄斑萎病毒和凤仙花坏死斑病毒，其传毒造成的危害远远大于直接为害。

（二）寄主

为害多种花卉，主要有玫瑰、康乃馨、月季、杜鹃、花毛茛、菊花、夹竹桃、凤仙花、大丽花、紫云英、紫花苜蓿、天竺葵等。

（三）防治方法

由于蓟马寄主植物分布广泛、个体小、生活周期短、抗药性强、容易爆发成灾。防治技术的制定必须结合其发生特点，有效防治控制其为害。

1. 农业防治

（1）加盖防虫网。在棚室通风口和入口处可用细纱网保护，可有效隔绝外来虫源，减轻花卉上蓟马的虫口数量。

（2）清洁田园。花卉收获完毕，要彻底铲除田间植株残体和杂草，尤其是花卉大棚外的茄科、十字花科等植物，及时灭除棚内外杂草，有助于消灭过渡寄主，减少外来虫源；及时采摘受害花蕾、花朵，封闭后带出棚外，集中深埋或烧毁，减少室内虫口。

（3）高温闷棚和低温深翻土壤。7 ～ 8 月花卉收获后，将残株留在大棚内，密闭大棚 1 个月，温度可上升至 60℃ 左右，杀灭残留蓟马，大大延迟下茬花卉上蓟马的发生。冬前深翻土壤破坏化蛹场所，减少害虫基数。播前整地后用药剂全面喷雾土表，间隔3 天再喷 1 次，杀灭土壤中残存和棚中的成虫，最大限度地降低初虫源，喷后 7 ～ 10天再播种或移栽。

（4）覆盖地膜减少土壤蛹的羽化数量。98% 的蓟马若虫入土化蛹，因此覆盖地膜可有效减少土壤蛹的羽化数量。将花卉大棚裸露地全部用地膜覆盖后，蓟马若虫在花卉上的发生数量减少，在叶面上出现的时间推迟，可有效减少对花卉造成的损失。

2. 化学防治

根据蓟马多隐藏在花器、幼嫩组织的危害特性，喷雾防治要重点针对花器和幼嫩部分。宜选用具有内吸、熏蒸作用且对花卉花器无药害的高效、低毒、低残留药剂。肖长坤等通过防治西花蓟马药剂筛选试验表明，2.5% 菜喜悬浮剂、48% 乐斯本乳油和 0.3% 印楝素乳油 3 种药剂对西花蓟马有很好的防治效果。刘旭等研究发现，40% 毒死蜱乳油 1000 倍液、45% 马拉硫磷乳油 600 ～ 800 倍液、10% 氯氰菊酯乳油2000 ～ 3000 倍液等对烟蓟马有良好效果。李继光研究表明，选用 20% 菊杀乳油或40% 速果乳油 2500 倍液均匀喷洒在花卉的内腔部位防治黄胸蓟马效果较好。张安盛等研究认为，生物源农药多杀霉素、阿维菌素、甲氨基阿维菌素苯甲酸盐对蓟马的防治效果显著，且高效低毒、低残留。但由于蓟马世代短，大量使用农药容易产生抗药性，因此使用时应混配或者交替使用。

3. 物理防治

蓟马对不同颜色具有一定的趋性，可以利用不同颜色的粘虫板对花卉蓟马进行物理防治，该方法特别适用于大棚花卉。李江涛等通过天蓝、黄、褐、紫 4 种不同颜色色板对西花蓟马在康乃馨上的诱集效果试验，结果显示：蓝色单一颜色色板对西花蓟马的诱集力显著高于其他几种颜色；在颜色混配中，蓝 B 黄 =5B1，诱集到的西花蓟马数量大于蓝色单一颜色色板。孙猛等通过对不同颜色粘虫板对不同颜色切花月季上西花蓟马诱集效果比较得出，在白色切花月季上，西花蓟马最嗜好的颜色为黄色；在粉色切花月季上，西花蓟马最嗜好的颜色为粉色；在红色切花月季上，西花蓟马最嗜好的颜色为蓝色。因此，对于不同花卉品种应选择不同颜色的粘虫板，诱杀蓟马成虫，从而有效降低虫口密度。

4. 生物防治

（1）运用天敌昆虫。据报道，蓟马的天敌主要有捕食螨、小花蝽、瓢虫类、捕食性蓟马、赤眼蜂等，其中在国外研究最深入的是捕食螨中的胡瓜钝绥螨。1985年胡瓜钝绥螨在荷兰开始商品化出售，并用于控制温室内的各种蓟马，取得了很大的成功。在我国现已报道该螨对辣椒上的西花蓟马有明显的控制作用，但对花卉上蓟马的防治还未见报道。一些小花蝽也在国外商品化生产，自20世纪80年代以来在花卉和蔬菜生产田上释放小花蝽能够很好地控制蓟马的发生。我国学者也对东亚小花蝽对西花蓟马的控制潜能进行了研究，但大田应用还较少。

（2）运用病原微生物白僵菌等一些虫生真菌。在国外也广泛地应用于蓟马的防治。袁盛勇等研究表明，球孢白僵菌 MZ060812 菌株对西花蓟马有较好的防治效果。秦玉洁等研究发现，球孢白僵菌和金龟子绿僵菌对节瓜蓟马防效较高，条件适宜时可使蓟马成虫在5天内减少50%，但我国还没有利用病原微生物在田间大规模控制花卉蓟马的报道。

八、白粉病类

（一）发生与危害

白粉病是最常见的一种真菌性病害，主要为害寄主植物的叶片、嫩枝。当气温达18～30℃时，如通风不良极易发病，被害植株首先在叶片上出现黄点，并长出一层白粉状物。发生严重时，花少而小，叶枯，甚至整株死亡。

（二）寄主

主要危害月季、牡丹、瓜叶菊、报春花、芍药、菊花、紫薇、扁竹蓼、倒挂金钟等多种花卉。

（三）防治方法

(1) 注意通风，控制湿度，加强光照，可防止白粉病发生。

(2) 加强日常管理，浇水时采用根灌，尽量少进行叶面淋水，以降低空气湿度。

(3) 发现病叶、病芽及早摘除并深埋。

(4) 药剂保护，发病初期喷施25%粉锈宁1000～2000倍液或50%多菌灵500倍液。

九、叶斑病类

进出境种苗花卉检验检疫与标准化建设
The entry-exit inspection, quarantine and standardization
construction of seed, nursery stock and flowers

（一）发生与危害

叶斑病是常见真菌性病害。包括有黑斑病、褐斑病等类型，为害多种花卉叶片，花卉受害率较高，一般为 15% ～ 40%，被害叶片上有黑色或褐色的圆形或不规则形病斑及轮纹斑。潮湿时常出现黑色霉层、黑色小点等，降低花卉的观赏价值。

（二）寄主

主要为害月季、蔷薇、芍药、菊花、君子兰、桂花、茶花、榆树、散尾葵、罗汉松等。

（三）防治方法

(1) 结合日常养护管理，及时清除枯枝、落叶、病枝，烧毁或深埋，以减少病菌来源。

(2) 室内注意通风，降低温度，盆距不宜过密，以利通风透光。

(3) 药剂保护。喷洒 200 倍 0.5% 等量式波尔多液或 70% 的甲基托布津 1000 倍液等。

十、炭疽病

（一）发生与危害

炭疽病为害的叶片发病时表现出圆形、半圆形、椭圆形病斑，边缘褐色至红褐色，中部浅褐色至灰色，后期斑面生小黑点，潮湿时出现红色针点大小斑液点，造成整株新叶枯死。

（二）寄主

该病为害的花卉种类多，常见的有兰花、万年青、茶花、米兰、九里香、橡皮树、白兰花、君子兰、竹芋类、棕榈科花卉等。

（三）防治方法

在发病初期喷药，70% 甲基托布津 +70% 百菌清（1：1）可湿性粉剂 800 ～ 1000 倍液、50% 施保功可湿性粉剂 100，连续 3 ～ 4 次，交替使用药剂，以控制病情蔓延，达到防治效果。

十一、煤污病

（一）发生与危害

煤污病主要是由发生在花卉苗木上的蚜虫、柑橘粉虱引起的并发症，发病初期可见黑色辐射状小霉斑，严重时全株污黑色，仅留顶端新叶保持绿色。

（二）寄主

可为害多种花卉种苗，主要有月季、石榴、菊花、柘枝、百合、郁金香、倒挂金钟、扶桑、兰花、牡丹、无花果等。

（三）防治措施

对此病防治的根本措施是消灭蚜虫和柑橘粉虱，幼虫盛发期是防治适期。植株在发病初期以 1 ：1 ：150 波尔多液喷施；发病盛期可喷洒 40% 乐果乳油 1000 倍液、25% 敌杀死乳油 1500 ～ 2000 倍液，连续 3 ～ 4 次，7 ～ 10 天 1 次。

十二、细菌性软腐病

（一）发生与危害

叶片被害，首先出现圆形水渍状小斑点，面向光源呈半透明状，被害组织柔软有臭味，外部仅有一层透明的表层组织，轻轻一压有腐臭组织溢出。在温湿度适宜时，扩展迅速，3 ～ 5 天内即可扩展为 20cm 左右的淡褐色腐烂斑，病部腐烂后内含物流出，病部呈纸状干枯；心叶遭受感染后，常在数天后导致整株死亡；叶鞘为害时，从包茎膜开始沿叶脉向上，使叶片局部变黄，扩展后叶鞘连叶基部分变色软腐，整片叶片脱落，甚至整株死亡。

（二）寄主

该病寄主范围广，可侵染文心兰、石斛兰、蝴蝶兰等兰科植物以及多种菊科植株，自然条件下还可侵染松菌属、龙舌兰属、花烛属、天南星属、仙人球属、美人蕉属、大丽花属等多种植物。

（三）检疫防控方法

1. 苗地消毒

药剂可用 40% 福美砷 100 倍液或五氯酚钠 200 倍液室内喷雾，也可撒生石灰 500g/m² 进行地面消毒，施药后闷棚 3 ～ 4 天。

进出境种苗花卉检验检疫与标准化建设
The entry-exit inspection, quarantine and standardization
construction of seed, nursery stock and flowers

2. 药剂防治

全园喷洒 30% 四环霉素可溶性粉剂 1000 倍溶液、72% 的农用链霉素 800 倍液、77% 氢氧化铜可湿性粉剂 400 倍液、75% 百菌清可湿性粉剂 500 倍液对软腐病有显著预防效果。

3. 病部处理

发病初期应立即用刀片把病部清除，剪刀要及时消毒，伤口涂 65% 代森锰锌可湿性粉剂干粉、铜制剂（如氢氧化铜）或 75% 酒精，停止喷水 3～4 天；另外病株可用 0.1%～0.5% 高锰酸钾浸泡 5 分钟。然后用清水清洗，做到整盆清出隔离。发病严重的，应清出大棚，做好环境卫生。

十三、细菌性斑点病

（一）发生与危害

为害幼苗、叶片、叶柄、茎及果实。幼苗染病子叶生半圆形或近圆形褐色斑。叶片染病初生褪绿不规则形小斑点，水渍状，扩大后呈多角形或不规则形，大小约 3～4mm，病斑中间深褐色至黑褐色，外围具一圈窄的褪绿晕环，病斑融合后成枯死斑块。茎部染病初呈暗褐色水渍状长条形，扩展后为不规则状，稍凹陷。

（二）寄主

豆科、葫芦科、十字花科等大部分禾本科植株。

（三）检疫防控方法

1. 苗地消毒
同细菌性软腐病。
2. 药剂防治
发病初期喷洒 1：1：160 倍式波尔多液或 30% 绿得保悬浮液 400 倍液，视病情防治 1～2 次。也可用 77% 可杀得可湿性粉剂 400～500 倍液、53.8% 可杀得 2000 干悬浮剂 600 倍液，每隔 10 天左右喷一次，连喷 3～4 次。

十四、细菌性萎蔫病

（一）寄主

豆科、葫芦科、十字花科等大部分禾本科植株。

（二）发生与危害

轻度发病时叶片呈斑驳状，叶缘向上卷曲，植株略变矮，有时会呈茎丛簇现象。严重发病时，植株矮化，茎细、叶小而厚，通常畸形，边缘或全叶褪色，植株萎蔫而死亡。部分病株的主根和侧根的木质横切面，随着病害的发展产生变色。

（三）检疫防控方法

1. 种植田块在封冻前深翻冻堡，酸性土壤可施用石灰或喷洒石灰水进行改良。另外，育苗或定植前用 40% 五氯硝基苯或 50% 多菌灵可湿性粉剂 1 千克加土 200 克与营养土拌匀后撒入苗床或定植穴中。

2. 药剂防治：发病初期用 77% 可杀得可湿性粉剂 500 倍液或 47% 加瑞农可湿性粉剂 700 倍液进行喷洒，每隔 7～10 天 1 次，连喷 2～3 次。

十五、建兰花叶病毒 (*Cymbidium mosaic virus*，CymMV)

（一）发生与危害

兰属植物产生花叶及坏死斑；卡特来兰属植物产生花叶、水浸状局部斑点；万带兰属植物产生褪绿斑。

（二）寄主

自然寄主有兰属（*Cymbidium* spp.）、蝴蝶兰属（*Phalaenopsis* spp.）、万带兰属（*Vanda* spp.）、卡特来兰属（*Cattleya* spp.）、文心兰属（*Oncidium* spp.）等。人工接种可局部侵染昆诺阿藜、墙生藜、望江南、曼陀罗、决明、洋金花、番杏等多种植物。

（三）检疫防控方法

1. 热疗法
其方法有热水浸泡，热空气或蒸汽处理。其原理是，植物病毒在 37～40℃高温下被钝化，使其传播速度减慢或停止。

2. 茎尖组织培养脱毒
其原理是植物茎尖分出组织的 0.2～0.3 mm 内一般不含病毒，目前，该脱毒法已被很多国家采用，其过程是：切取 0.2～0.3 mm 长的茎尖接种至含有特定技术的培养基上，经分化、增殖、生根后可培养健壮脱毒株，如结合热疗法切取热疗后的茎尖 0.3～0.5 mm 进行培养，其分化率脱毒率更高。该方法优点是，脱毒效果好，繁殖系数高，是目前国内外广泛采用的脱毒途径。

进出境种苗花卉检验检疫与标准化建设
The entry-exit inspection, quarantine and standardization
construction of seed, nursery stock and flowers

十六、齿兰环斑病毒(*Odontoglossum ringspot virus*,ORSV)

(一)发生与危害

在蝴蝶兰上的症状有两种类型:一种类型是叶背产生多个大大小小的环斑,直径4～13 mm;环斑边缘为褐色,凹陷,大部分病斑中央组织为绿色,也有中央为褐色坏死,病斑多为单生;发病严重时叶片正面有坏死斑出现,黑褐色。另一种类型为浅灰褐色的环斑,有的整个病斑为浅灰褐,圆形或近圆形,直径3～6 mm。

(二)寄主

卡特兰、石斛兰、树兰、万带兰、蝴蝶兰、齿兰、建兰、墨兰、大花蕙兰、五唇兰、毛兰、文心兰等。

(三)检疫防控方法

1. 热疗法

其方法有热水浸泡,热空气或蒸汽处理。其原理是,植物病毒在37～40℃高温下被钝化,使其传播速度减慢或停止。

2. 茎尖组织培养脱毒

其原理是植物茎尖分出组织的0.2～0.3 mm内一般不含病毒,目前该脱毒法已被很多国家采用,其过程是:切取0.2～0.3 mm长的茎尖接种至含有特定技术的培养基上,经分化、增殖、生根后可培养健壮脱毒株,如结合热疗法切取热疗后的茎尖0.3～0.5 mm进行培养,其分化率脱毒率更高。该方法优点是,脱毒效果好,繁殖系数高,是目前国内外广泛采用的脱毒途径。

十七、根结线虫

(一)发生与危害

蔬菜根结线虫病,又称为"瘤子病",主要侵染根部,以侧根和须根最易受害,形成大量瘤状根结。轻病株地上部分没有明显症状,病情较重的,地上部分生长不良,植株矮小,叶色暗淡发黄,呈点片缺肥状,叶片变小,不结实或结实不良,但病株很少提前死亡。在干旱或水分供应不足时,中午前后,地上部常呈现萎蔫现象或提早枯死。重病株后期根部腐烂,而全株死亡。根结线虫主要随病根在土壤中越冬,一般可存活1～3年,北方地区也可在保护地内继续为害过冬,主要靠病土、病苗和流水传播,病原线虫寄主范围很广，一旦传入，可连年为害。一般地势高燥，土质疏松的砂壤土发病重；连作地由于线虫数量的积累而发病较重，因此保护地明显重于露地；适于蔬菜生长的温湿度均适于线虫活动，土壤过干或过湿对线虫不利。随着保护地蔬菜面积的扩大，此病发生日益严重，一般减产 26% ～ 50%，严重的甚至绝收。此外，该病常与真菌、细菌、病毒形成复合侵染，加重对蔬菜的危害，成为蔬菜生产的重要障碍之一。

（二）寄主

根结线虫寄主范围广，可寄生 39 科 130 余种植物，在蔬菜上可危害茄科、豆科、葫芦科、十字花科及菠菜、茼蒿、胡萝卜、莴苣、生菜、苋菜、落葵、香菜、芹菜、洋葱等数十种蔬菜。

（三）防治方法

1. 轮作

最好与禾本科作物实行 2 ～ 3 年以上的轮作，水旱轮作效果较好。也可与感病轻的辣椒、葱、韭菜、蒜等轮作，如芹菜、黄瓜田种大葱、蒜后，10 ～ 15 cm 土层线虫减少 70% ～ 90%。也可种植诱捕作物，如生育期短的蔬菜（小青菜类）或拮抗植物，如芦笋、蓖麻等。

2. 清洁田园，选用无病壮苗

清除病根，集中销毁，以减低田间线虫密度。选择无病地块或无病土作苗床培育无病壮苗移栽。

3. 物理防治

在夏季，前作拔秧后，随即在温室内按下茬蔬菜作物行距，开 30 cm 深，40 cm 宽的沟。每亩*集中往沟内施 3000 ～ 4000 kg 麦秸或玉米秸，往秸秆上撒施 50 kg 碳铵，5 ～ 6 方鸡粪及部分表土培成垄，覆盖地膜后灌透水，并盖严温室薄膜，令秸秆发酵，达到灭菌、灭虫、改土效果，蔬菜作物可定植在垄上。

4. 化学防治

定植时，可每平方米施用 1mL1.8% 阿维菌素（齐螨素、阿巴丁、杀虫菌素、阿维杀菌素、阿凡曼菌素）处理土壤，或每亩 3 kg 线虫绝（无公害首选），或 5% 克线丹颗粒剂 8 ～ 10 kg / 亩，或 10% 福气多颗粒剂（通用名称：噻唑磷）。

5% 克线丹颗粒剂：是富美实公司的是一种触杀性杀虫剂，对根结线虫特效，同时对蛴螬、蝼蛄、金针虫、小地老虎、韭蛆等地下害虫均有较好的防效，而且低毒、高效、低残留，适用于无公害农产品生产。由于克线丹在土壤中的移动性及淋溶性均较低，所以它对线虫和地下害虫的持效期长。

---

*1 亩 =666.7 平方米

进出境种苗花卉检验检疫与标准化建设
The entry-exit inspection, quarantine and standardization
construction of seed, nursery stock and flowers

在蔬菜上采用两步施药法，即全田撒施加穴施，每亩用药量克线丹 5% 颗粒剂 8～10 kg。第一步：移栽前全田撒施。取 6～8 kg 克线丹加 10 kg 细土混匀成药土。在打完第一遍地后，将药土均匀撒施于土表，并用旋耕机翻耕田地，使药剂与 10 cm 左右深的耕作层土壤均匀混合。第二步：移栽时穴施。首先将 2 kg 克线丹和 3 kg 细土混匀成药土。整好畦并在畦上开穴，将药土施于穴中，再与穴周围 30 cm 范围的土壤混匀，最后再移栽作物于穴中。该农药使用注意事项：

① 同一块田地不宜连续使用，建议与其他杀线虫剂轮换交替使用。在温室大棚内，如果与熏蒸剂轮用，隔一茬用一次。

② 药剂与土壤必须充分混匀，否则不利于药效的充分发挥。

③ 移栽后必须浇透水或灌水，保持土壤湿润，以利药效发挥。

10% 福气多颗粒剂：是日本石原产业株式会社研制开发的，一种非熏蒸型的高效、低毒、低残留的环保型杀线虫剂。使用时注意：可全面土壤混合施药，也可畦面施药及开沟施药。在作物定植前（定植当天），按 1～2 kg/亩的用量，将药剂均匀撒于土壤表面，再用旋耕机或手工工具将药剂和土壤充分混合。药剂和土壤混合深度需 20 cm。

5. 生物防治

淡紫拟青霉活菌剂，1.5～3 kg/亩。

05

第五章 **CHAPTER FIVE**

出境种苗花卉示范建设实例

进出境种苗花卉检验检疫与标准化建设
THE ENTRY-EXIT INSPECTION, QUARANTINE AND STANDARDIZATION CONSTRUCTION OF SEED,
NURSERY STOCK AND FLOWERS

进出境种苗花卉检验检疫与标准化建设
The entry-exit inspection, quarantine and standardization
construction of seed, nursery stock and flowers

第一节 "星天牛"事件与盆栽植物出口

一、我国盆栽植物出口概况

种苗花卉作为我国具有较强国际竞争潜力的朝阳产业,在出口贸易时往往面临着国外各种技术壁垒。为了更好地应对出口国进口国提出的技术要求,提高我国种苗花卉的国际竞争力,支持种苗花卉产业做大做强,国家质检总局2012年要求各地直属局积极探索推动种苗花卉出口的基地建设。浙江出入境检验检疫局因地制宜针对其辖区内特色花卉产业,积极开展出境种苗花卉示范建设工作。

中国盆栽以其品种丰富、造型优美、内涵丰富享誉世界,一直是浙江地区农产品出口优势项目。但同时因种植时间长,有害生物感染风险高于休眠植物种子、植物切枝切叶和组培苗,成为植物检疫高风险品种,屡受世界各国关注,相关的贸易壁垒层出不穷。

二、"星天牛"事件始末

以欧盟为例,从20世纪90年代开始,欧盟对从我国出口的盆景等盆栽植物的监管不断加强,从开始要求土壤处理、到后来要求输欧盆景场必须经中国官方注册登记;从部分国家禁止从中国进口无花果、女贞、九里香、六月雪和榉树盆景,到全面禁止19类植物及其产品输往欧盟;从2000年5月8日欧盟理事会第2000/29/EC号指令(《关于防止危害植物或植物产品的有害生物传入欧共体并在欧共体境内扩散的保护性措施》)到2008年11月7日欧盟委员会第2008/840/EC号决议(《关于防止星天牛 *Anoplophora chinensis*(Forster)传入欧盟并在欧盟内部扩散的紧急措施》),技术壁垒层出不穷,材料汗牛充栋,令人眼花缭乱,甚至连欧盟负责相应事务的官员都承认无法完全掌握所有内容。

2010年7月,欧盟委员会发布2008/840/EC紧急措施的修订案,修改了输欧星天牛寄主植物检疫要求。根据欧盟要求,2012年4月30日前,中国产红枫等槭属植物不得输往欧盟。自2012年5月1日起,对中国产槭属(*Acer* spp.)植物实施严格的官方注册登记要求。浙江出入境检验检疫局针对该情况,建设出境盆栽植物示范区,通过积极对外交涉、加强行业管理、提高自身技术能力的方式帮助企业突破欧盟苛刻的技术壁垒,实现了红枫等槭属植物的顺利出口。

第二节　出口星天牛寄主植物生产体系

盆栽艺术起源于中国，是一种独具风格、雅俗共赏的综合艺术。早在唐末宋初，盆栽艺术传入日本、朝鲜，并在日本发扬光大。20世纪初又从日本先后传到美国、澳大利亚、法国等，后继续传播。新中国成立后，特别从1979年我国首次参加国际盆景展览并开始外销后，我国盆栽销量逐年增加。中国盆栽古朴典雅，受到世界各国人民的喜爱，出口形势越来越好。但由于盆栽植物属活植物，种植养护时间长，感染有害生物的风险很高，各种线虫、介壳虫、蚜虫、天牛以及软体动物等均可能随盆栽植物传带出去。近年来，由于从我国出口的盆栽植物中检获有害生物，以欧盟为代表的一些国家和组织先后对我出口盆栽植物提出多种苛刻植物检疫要求，采取了从加严检疫直至禁止进口的多种措施。欧盟对我国出口盆栽植物有害生物关注的重点，从根围线虫、介壳虫等外部病虫害到星天牛等茎秆内部钻蛀性和内寄生性有害生物均有涵盖。出口盆栽植物携带输入国关注的有害生物始终是制约我国盆栽植物出口的主要因素。

为破解欧盟技术壁垒，促进出口盆栽植物产业的健康发展，维护企业利益，本研究本着实事求是的原则，结合生产实际，在对欧盟植物检疫法规体系全面研究、对浙江主要出口盆景及盆栽植物有害生物种类进行全面调查的基础上，以研究钻蛀性害虫星天牛及其寄主植物红枫为代表，开展综合防控实验，提出了输欧盆栽植物有害生物综合防控技术体系。该体系包括源头管理、入场养护、疫情监测、出口检查、人员培训、周边环境管理六个部分，用以全程指导生产企业的生产和加工。现分述如下：

一、源头管理

由于我国出口用红枫小苗基本集中在宁波地区种植，出口生产企业应通过加强国内小苗种植户（供应商）的管理，从源头上降低出口产品感染天牛的风险，具体措施如下：

（1）供应商选择　对于选定的种植户，先要考察其种植场地包括周围环境情况，有无天牛虫源，有无天牛喜食、栖息的树木品种等，只有符合种植要求的才能确定为种植基地。选择的基地应面积相对小而且独立，避免成片的生产区域发生交叉感染。

（2）产品核销　对于种植基地，要确定种植的品种和实际生产的数量，确保所调运的品种和数量来自确认的同一基地种植，防止供应商把别的基地植物混入其中。

（3）规范防治　考虑虫害习性和种植户过分考虑生产成本等原因，由出口生产企业提供合适的、有针对性的药剂，督促种植户按照规定的时间施药防治，同时作书面记录以便追溯检查。

（4）专业指导　在天牛容易发生的季节（从蛹羽化到产卵），由出口生产企业派

进出境种苗花卉检验检疫与标准化建设
The entry-exit inspection, quarantine and standardization
construction of seed, nursery stock and flowers

植保员到种植基地检查以及视情况共同参与防治过程，避免发生重大虫害，杜绝隐患。

（5）起苗检疫　加强种植基地出圃时小苗的场地检查。经仔细挑选，对于可当场检出的以及可疑状况的苗木，坚决杜绝混装在公司采购的小苗中进入出口生产基地。起苗过程必须在公司人员在场监管的情况下进行。

（6）绩效考评　建立种植户（供应商）档案，重点考评其提供的苗木所携带天牛的情况，如每批次苗木携带天牛（无论是卵还是幼虫）数量超过总枝数 5% 或连续 2 次查出携带有天牛时，取消其供货资格，停止购货，并追究公司检查人员的责任。

（7）疫情监控　种植场内以及同一区域其他场地发生重大天牛虫害时，第一时间上报检验检疫局，杜绝后患。

二、入场养护

出口注册种植基地的养护管理如下：

（1）源头可靠　运至出口种植基地的苗木必须由公司定点的种植基地提供。

（2）严格检查　运至种植基地的苗木要 100% 检查。步骤：先检查树的整体有无天牛，如有活虫（包括：卵、幼虫）、有虫孔的当场隔离，等全部检查结束后退回小苗种植场，然后在洗根过程中检查泥土内有无活虫，最后，由上盆操作人员复查树干和根部有无虫孔，发现虫孔的小苗作销毁处理，严防病虫蔓延。对于有疑问无法确定的，单独隔离，其间由专人仔细观察并记录，发现虫害及时处理。

（3）药剂处理　合格的苗木严格按照公司的规定作药剂处理（包括：根部浸泡和整株打药）。

（4）隔离种植　上盆后放置在用防虫网全面覆罩没有泥土裸露的隔离棚内养护，从天牛蛹羽化直到产卵季节全过程严禁移至露天摆放、养护。

（5）养护预防　养护期间每一药效周期打药预防，同一种药剂不得连续使用超过 2 次，以防产生抗药性。

（6）应急处理　养护期间发现天牛的，立即单独隔离并作进一步的药剂处理，虫害严重的直接销毁，以防蔓延，同时上报检验检疫局。

（7）环境整洁　出口注册场地内的环境必须设有天牛喜欢栖息的高大树木，减少感染源。周边外围环境尽可能做到整洁。

三、疫情监测

虫害发生季节的监测管理：

（1）重点监测　根据天牛的生长特点和生活习性，从天牛蛹的羽化期直到成虫产卵活动结束，全程监测并做好原始记录，尤其在产卵阶段，应全天候监测，防止隐患。

（2）全程记录　认真做好监测记录，记录要求真实、清楚、连贯可追溯。

四、出口检查

出口阶段管理（详见附件：出口产品处理、包装及装箱的规定）：

（1）出口前的药剂处理　经养护合格的苗木，在出口报检前2个月用药剂全面处理。工人对每株待出口植物按要求检查。

（2）认真包装　安排专人认真检查每株待检植物，待检疫部门检疫合格后，认真做好包装及装运集装箱的工作。对于有怀疑的苗木，严格禁止混入、包装出口。

五、人员培训

对出口种苗相关操作人员进行培训，重点是监测人员、植保员、报检员、生产加工人员等。上岗前进行必要的培训，内容包含：天牛的生理特点、生长习性，有效药物的使用，需要检查的内容，监测的范围以及记录内容。经过培训后相关人员要达到具备发现问题，懂得解决问题，有效控制消灭天牛的能力。

六、周边环境

对种植基地环境的管理：

（1）周边植被　根据欧盟的要求，注册场地内严禁种植星天牛寄主植物，以免带来虫源，同时应没有高大的遮蔽性树木。

（2）周边环境　日常加强病虫害的防治和监控，减少各种检疫性病虫害，做到没有死亡的植株、枯枝、杂草。

附 件：

1. 盆景（苗木）生产工艺流程图
2. 生产流程要点

附 件 1：

盆景（苗木）生产工艺流程图

进出境种苗花卉检验检疫与标准化建设
The entry-exit inspection, quarantine and standardization
construction of seed, nursery stock and flowers

一、盆景

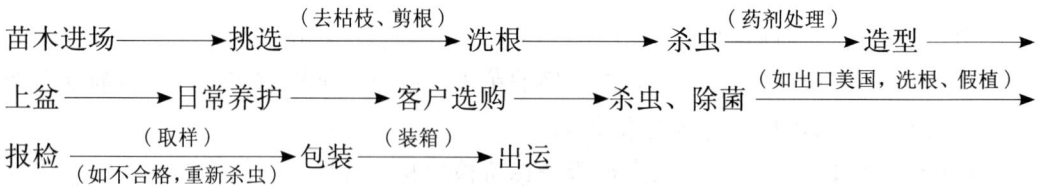

苗木进场 ——→ 挑选 —（去枯枝、剪根）→ 洗根 ——→ 杀虫 —（药剂处理）→ 造型 ——→

上盆 ——→ 日常养护 ——→ 客户选购 ——→ 杀虫、除菌 —（如出口美国，洗根、假植）→

报检 —（取样）/（如不合格，重新杀虫）→ 包装 —（装箱）→ 出运

二、苗木

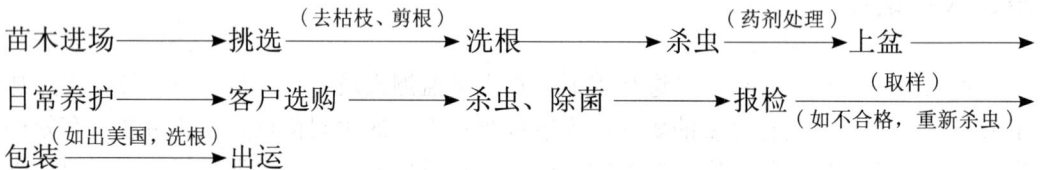

苗木进场 ——→ 挑选 —（去枯枝、剪根）→ 洗根 ——→ 杀虫 —（药剂处理）→ 上盆 ——→

日常养护 ——→ 客户选购 ——→ 杀虫、除菌 ——→ 报检 —（取样）/（如不合格，重新杀虫）→

包装 —（如出美国，洗根）→ 出运

附件 2：

生产流程要点

一、产品调入

（1）所有其他生产基地的植物产品，在调入注册种植基地前 1 个月，必须由对方按照需调入的产品、规格、数量，进行外部的清洁工作（除草、剪枯枝、病虫害检查），同时施放杀线虫缓释药剂。不符合要求的严禁调入。

（2）产品运抵注册种植基地后，由专人检查、验收。如发现有病虫害情况，应马上隔离做药剂处理，严重的应立即原车退回供应基地，并通知供应基地进行相应的防治措施。

（3）合格的产品必须经广谱药剂处理后，先摆放在临时摆放区，监管 3 个月。

（4）在规定时间内洗根、换介质，施放杀线虫缓释药剂后移至隔离区域养护 3 个月。隔离期间按要求做好病虫害防控工作。

整体原则：未经洗根、更换介质、杀虫处理的产品严禁进入隔离区域。

二、上盆前的准备

（1）材料（成品）运到场地，先做外观检查，是否有虫孔、螺壳、虫茧，修剪枝叶。

（2）彻底清洗根部泥土，修剪腐根和多余根系，部分弱根植物浸泡生根剂。

（3）广谱药剂处理整株植物，要全面处理（根、树干、叶子）。

三、上盆

（1）根据植物的不同，配置相应的介质。

（2）介质必须低于盆口 1 ～ 2 cm，便于浇水。同时在介质内放入缓释药剂。1 周后检查介质情况，如介质少时需添加介质。

（3）上盆后产品先放入隔离单栋棚内养护。等盆土牢固并萌发新叶后再放入隔离连栋大棚内。

四、日常护理

（1）每天一早记录大棚内的温度，检查有无发生虫害，如发现病虫，应立即处理，对于不明确的虫害，先用广谱药剂处理，并取样作进一步研究。

（2）全面检查所有品种的生长情况，如有不正常的现象，应做好记录，并仔细观察是何原因造成。

（3）浇水、消毒应安排专人负责。

（4）定期清除盆面和地面杂草以及地面水沟内的积水和垃圾。

（5）严格控制无关人员和外来品种进入大棚区内，以免带入病菌。

（6）有蓄水池蓄水的，每天定期向蓄水池放水，以保证所需的用水量，由专人负责。

（7）大棚内的防虫网及薄膜，应每天检查，如出现破损，应及时修补，遮荫网及薄膜的使用，应根据气候及时安排和调整。

（8）定期清理床架上的杂草、落叶和介质土。

（9）每天工作结束，应保持大棚内的地面整洁无垃圾。

五、出货前的注意事项

（1）出货前 2 个月停止修剪，以防新叶过嫩。

（2）喷撒防霉药剂，进行除草处理，检查病、虫以及落叶情况，提高通风次数。

（3）检查固根情况。

（4）各类包装物必须符合国家检验检疫部门的相关规定，在每个包装箱、铁架、木架上标明号码，详细记录每层、每个包装的装运品种、规格、数量，标识要清楚、不易脱落。

（5）装箱前仔细核对集装箱箱号、铅封号，检查箱集装箱是否干净、完好，核对《箱检报告单》。

（6）注意周围是否有飞虫，严禁晚上在灯下装箱，以防飞虫进入集装箱内。

（7）装箱结束，必须清扫箱门口，并用自来水冲洗，做到干净无垃圾、杂物。

（8）装箱过程注意人员安全。

六、病虫害防治

（1）基地发现病、虫时，要立刻采样，确定属于哪种类型，如果不能确定时应立刻带样向植保部门或检疫部门求教，对症下药。同时做好记录，观察药效情况。

（2）出现问题的植物，要马上进行隔离（搬入单栋塑料棚内），防止扩散。如是一般性的病虫害，应及时施药解决。如是严重病、虫害，一时期内无法控制时，必须按主管部门要求做好应急处理，把重症植物就地销毁。

（3）如连栋隔离大棚内发生病虫害，需要对棚全面消毒处理的。经初步对苗木除害处理后，立即将全部植物搬出大棚，放入单栋塑料棚内隔离，同时对大棚进行全面的消毒、杀虫。严重时应向植物检疫部门报告，请他们帮助处理（熏蒸）。

（4）要贯彻"预防为主、综合防治"的方针，本着"治早、治小、治了"的原则，加强生产基地的病虫害防治工作。

（5）农药必须固定放置在仓库铁架上，专人整理、登记，严禁与其他物品混淆。并定期检查防潮、密封情况以及有效期。按操作规范使用农药，严禁使用国家明令禁止的剧毒农药。

（6）认真仔细做好各项台账记录。

（7）植物上盆时，要在介质土中按比例放入杀线虫药剂，并每隔二个月放置一次，放药时应用器械在介质中钻一小孔，把药剂均匀倒入后把小孔填平。

（8）待出口的产品，应在每盆（株）检查，表面是否有虫害的痕迹，然后待盆土水分干至40％时，用药水处理，处理步骤如下：

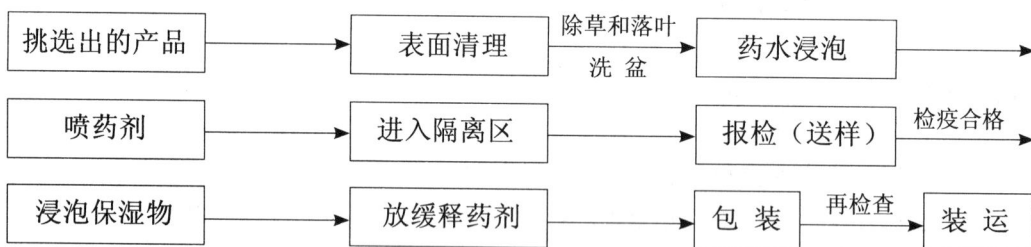

挑选出的产品	→	表面清理	除草和落叶 洗盆 →	药水浸泡	→
喷药剂	→	进入隔离区	→	报检（送样）	检疫合格 →
浸泡保湿物	→	放缓释药剂	→	包装	再检查 → 装运

（9）对于出口美国以及空运的产品，要特别检查根部，剪去腐根。在装箱时应仔细检查包装箱内外是否干净完好。并控制好保湿物的含水量。

（10）集装箱所用的木包装物和木架，必须严格符合《输欧木质包装的规定》，其他包装物必须符合检验检疫部门的相关规定。

第三节　出口星天牛寄主植物检疫监管体系

本要求主要依据以下法规文件制定：

《欧盟委员会关于防止星天牛传入扩散的紧急措施法令》（2012/138/EU 号决议）

《关于加强进出境种苗花卉检验检疫工作的通知》（国质检动函 [2007]831 号）

一、注册登记要求

输欧星天牛寄主植物种植基地应向检验检疫机构申请注册登记。经考核符合下列条件的，颁发出口种苗花卉企业注册登记证书，允许从事输欧星天牛寄主植物业务。注册企业名单在总局网站公布并通报欧盟。

（一）种植基地

(1) 周边环境要求。种植地应为星天牛非疫生产地，周边环境良好，无遮蔽性植物。非疫生产地的建立和维护，应符合 ISPM10 和 6 等国际标准的要求。

(2) 基地规划要求。基地分区合理，隔离种植、药剂处理、操作（移苗、换土、上盆、洗根、包装等）、介质存放、农资储藏等功能区相对独立、布局合理，与生活区隔离并有适当距离。

(3) 隔离设施要求。种植区、操作区应完全覆盖防虫网以阻止星天牛的传入。出入口须设置具有防虫功能的双重门，门关闭状态下与地面没有缝隙（与地面接触固定的网边缘不少于 30cm）。通气口、滴水口等处应防虫网覆盖。防虫网的孔径应≤5mm。隔离网室材料应坚固耐用，没有破损。

(4) 卫生条件要求。种植区整洁、无杂物，操作区地面清洁，不得有泥土、杂草及植物残体。

(5) 灌溉要求。基地具备完善的灌溉设施，灌溉水源使用自来水、深井水或其他干净的水源。

(6) 设施管理要求。基地具有符合检疫要求的清洗、加工、防虫防病及必要的除害处理设施和药剂器械，有固定场所存放。

(7) 生长介质要求。基地具备生长介质热处理或药剂浸泡等有效处理设施，处理效果良好。介质不直接接触地面摆放，场所独立、清洁、相对封闭。

(8) 种植区产量要求。种植区可种植养护的寄主植物的年产量与其出口量相适应。

进出境种苗花卉检验检疫与标准化建设
The entry-exit inspection, quarantine and standardization
construction of seed, nursery stock and flowers

（二）管理体系

（1）质量管理体系。包括组织机构、人员培训、有害生物监测与控制、农用化学品使用管理、溯源体系等规章制度，且运行有效。

（2）追溯体系。建立种植档案、产品进货和销售台账，对寄主植物来源流向、种植收获时间、有害生物监测防治措施等日常管理情况及进货、销售各个环节溯源信息要有详细记录，确保每一批出口成品来源都可以追溯到进货批次。

（3）有害生物防控体系。出口企业应具有固定的苗木繁殖培植基地，并受检验检疫部门监管。应配备专职植保员，负责基地有害生物监测、报告、防治等工作。植保员应经检验检疫部门培训，具备农学、植保等专业知识，有较丰富的有害生物防控经验。

二、有害生物控制措施

（一）制定方案

出口企业每年须向检验检疫部门递交出口寄主植物计划，并根据不同栽培植物品种制定有效的从小苗选购到成品出口整个过程的有害生物防治方案。

（二）隔离种植

输欧盟星天牛寄主植物，出口前必须在隔离网室中连续隔离种植 24 个月。盆栽植物应种植在离地面 50 厘米以上的台架上。

（三）种苗挑选

寄主植物进入隔离网室前，应 100% 经过外观检查和挑选，不得带有虫孔、螺壳、虫茧，同时要彻底清洗根部泥土，修剪腐根和多余系根，并用广谱药剂处理整株植物。

（四）有害生物防治

（1）根据有害生物生理特点和生活习性，按要求针对性做好隔离种植期间有害生物监测、防治工作，并做好相关记录。

（2）针对当地星天牛生物学特性建立检查、监测、防治等方面的综合防控体系。在星天牛成虫羽化、产卵期，应每日专人检查寄主植物茎秆周围是否有新鲜虫粪，检查隔离棚内是否有星天牛成虫羽化，并详细记录。

（3）出口前企业自查。经培植合格后准备出口的寄主植物，须 100% 检查植株感染有害生物情况，对于有危害症状的植株，严格禁止混入出口产品包装出口。怀疑感染星天牛幼虫的寄主植物按规定比例进行剖苗检查。裸根植物出口前要彻底清洗寄主植物根部泥土，修剪腐根和多余根系，并用广谱药剂处理整株植物。用以包裹保湿的生长介质须经有效处理并检测合格，以杜绝有害生物感染。

三、检验检疫监管

（一）官方检查

检验检疫机构根据实际情况，每年对寄主植物种植基地开展有害生物普查至少 6 次、星天牛专项监测至少 2 次，检查内容主要为种植基地周边环境及状况，栽培品种及数量，病虫害发生、监测、防治记录，进货及出货台账记录、产量核销情况及其他应当监管的内容等，并做好监管记录。

（二）出口检疫

（1）检查出境寄主植物存放地点周围环境、木质包装和铺垫材料植物卫生情况，要求不得感染锈病、星天牛等欧盟关注的有害生物。出口植物包装材料应干净卫生，不得二次使用，包装箱上应标明货物名称、数量、生产经营企业注册登记号、生产批号等信息。裸装的寄主植物应采取在植株明显部位或货架上加贴标签、悬挂吊牌等形式标明上述信息。

（2）核对检查出口寄主植物数量和品种。

（3）按出境寄主植物的数量、品种或规格随机抽样检查，重点检查植株有无虫孔、病斑等症状，并实施剖苗检查。每批数量在 4500 株／盆以下的，抽查 10%；超过 4500 株／盆的，抽查 450 株／盆。携带栽培介质出口的，要取样进行实验室线虫检测。

（4）检查发现星天牛为害症状的，该批寄主植物禁止出口。发现其他有害生物，经除害处理合格后准予出口，无有效除害处理方法的，禁止出口。

（5）检疫合格后准予出口，签发植检证书，植检证书"附加声明"一栏中应注明以下内容：

（a）The plants have been grown, during a period of at least two years prior to export, in a place of production established as free from *Anoplophora chinensis* (Forster) in accordance with International Standards for Phytosanitary Measures:

（i）which is registered and supervised by the national plant protection organization.

（ii）which has been subjected annually to at least two official inspections for any signs of *Anoplophora chinensis* (Forster) carried out at

进出境种苗花卉检验检疫与标准化建设
The entry-exit inspection, quarantine and standardization
construction of seed, nursery stock and flowers

appropriate times and no signs of the organism have been found.

(iii) where the plants have been grown in a site: with complete physical protection against the introduction of *Anoplophora chinensis* (Forster).

(iv) where immediately prior to export consignments of the plants have been subjected to an official meticulous inspection, including targeted destructive sampling on each lot, for the presence of *Anoplophora chinensis* (Forster), in particular in roots and stems of the plants; The size of the sample for inspection shall be such as to enable at least the detection of 1 % level of infestation with a level of confidence of 99 %.

or

(b) that the plants have been grown from rootstocks which meet the requirements of (b), grafted with scions which meet the following requirements:

(i) at the time of export, the grafted scions are no more than 1cm in diameter at their thickest point;

(ii) the grafted plants have been inspected in accordance with point (b) (iv);

(c) the registration number of the place of production.

(d) 该植物在出口前已经在生产厂家至少种植两年，该生产厂家根据国际植物检疫措施标准在星天牛非疫产地建立：

(i) 该生产厂家已在国家植物保护机构注册并监管；

(ii) 已经在适当的季节进行每年两次的官方检查，未发现任何星天牛的迹象；

(iii) 植物种植在这样一个场所：拥有完全隔绝的物理防护设备以阻止星天牛的传入；

(iv) 在即将出口前，货物已接受官方重点在植株根部和茎部的对星天牛的严格检查，这项检查应包括针对性的破坏性抽样。

检查所需的抽样规模应达到这样一种水平：至少能检出1%的侵染率，并达到99%的可信度。

或者

(e) 该植物的砧木符合第（b）点要求，嫁接的苗穗符合以下要求：

(i) 出口时，嫁接苗穗最大直径不超过1厘米；

(ii) 嫁接植物已按照第（b）、（iv）点进行检查。

(f) 该生产厂家的注册号。

（三）违规处理

1. 建立生产企业是质量安全第一责任人的制度，企业应签署承诺书，确保各项要求得到全面落实。

2. 在隔离种植期间和出口检验检疫过程中发现星天牛活虫或为害症状的或欧方通报出口寄主植物携带星天牛,该种植地区域内的寄主植物至少两年内不能向欧盟出口。检验检疫机构组织调查,采取有效的针对性改进措施。

3. 注册企业如有瞒报、夹带、伪造证书等违规情况,检验检疫机构应立即取消其注册资格。

(四)欧盟关注的星天牛寄主植物名单

植株茎干和根颈最大部分直径大于1cm的种植用植物,不含种子,包括:*Acer* spp.(槭属),*Aesculus hippocastanum*(欧洲七叶树),*Alnus* spp.(桤木属),*Betula* spp.(毛桦属),*Carpinus* spp.(鹅耳枥属),*Cirus* spp.(柑橘属),*Cornus* spp.(山茱萸属),*Corylus* spp.(榛属),*Cotoneaster* spp.(枸子属),*Crataegus* spp.(山楂属),*Fagus* spp.(水青冈属),*Lagerstroemia* spp.(紫薇属),*Malus* spp.(苹果属),*Platanus* spp.(悬铃木属),*Populus* spp.(杨属),*Prunus laurocerasus*(月桂樱),*Pyrus* spp.(梨属),*Rosa* spp.(蔷薇属),*Salix* spp.(柳属),*Ulmus* spp.(榆属)。

(五)其他要求

输往欧盟的星天牛寄主植物还应符合欧盟2000/29/EC法令的相关规定。如欧盟法规发生变化,生产企业和当地检验检疫机构应及时采取相应的调整措施。

第四节 示范建设成效与经验

一、示范建设成效

(1)积极对外交涉,国外官方对我国种苗花卉管理水平认可度明显提高。

盆栽植物作为浙江农产品出口优势项目,保证其顺利出口具有重大社会及经济价值。浙江出入境检验检疫局配合国家质检总局积极对外进行交涉,不仅避免了种苗输欧形势进一步的恶化;而且通过近年来多次迎接欧盟FVO代表团、荷兰官方考察团实地评估、考察,提高了欧盟官方对我国种苗花卉管理水平的认可度。过硬的质量管理

进出境种苗花卉检验检疫与标准化建设
The entry-exit inspection, quarantine and standardization
construction of seed, nursery stock and flowers

管理，使浙江局辖区企业——六通园艺获取 2012 年免予欧盟官方现场考察直接获得输欧槭属植物资格的殊荣。

（2）科研攻关，检验检疫部门自身技术能力明显提高。

技术执法是检验检疫工作的核心，技术水平提高离不开针对性的科研攻关。为解决输欧星天牛寄主植物在有害生物控制方面的难题，浙江出入境检验检疫局 2009 年开展《输欧盆栽植物有害生物综合防控技术研究》研究任务。经过三年的艰苦攻关，形成了以四篇学术论文、一部行业标准、一份管理文件为组合的国内国际领先的完善的"输欧星天牛寄主植物综合防控体系"。该课题的研究成果，彻底解决了迄今为止输往欧盟盆栽植物检验检疫监管的重大技术问题，在破除欧盟星天牛寄主植物技术壁垒、促进星天牛寄主植物出口方面做出了重要突破。

（3）规范行业管理，种苗花卉企业破除壁垒的能力明显提高。

规范行业管理，提升出口企业生产质量安全能力，是破除壁垒成功的根本所在。浙江出入境检验检疫局通过下发文件、制定标准、加强监管和政策宣传等多种方式，加强对输欧星天牛寄主植物企业的管理，提升输欧星天牛寄主植物质量水平。企业根据检验检疫要求建立了输欧盆栽植物监管和生产管理的新模式，实现了从小苗采购到出口全过程中星天牛有效防控，确保出口星天牛寄主植物的质量安全，从根本上取得了突破欧盟技术壁垒的胜利。通过努力，以杭州六通园艺有限公司为代表的一批诚实守信、规范经营的企业脱颖而出。将管理风险最高、管理难度最大的星天牛寄主植物输欧业务，做成了出口业务亮点，实现了转危为机。在 95% 以上的出口企业被迫退出欧盟市场，国内获准向欧盟出口枫树等高风险植物的企业只剩 4 家的大背景下，杭州六通园艺有限公司从一家名不见经传的中小企业，发展成为了出口盆景行业的标杆和领头羊。2009 年，六通园艺输欧盆景出口货值 151.8 万美元，同比增长 109.3%，其中，对欧盟出口红枫增加了 4.5 倍。2012 年欧盟解除中国槭属植物输欧禁令以来，六通园艺共向欧盟出口星天牛寄主植物 20662 盆，全部出口苗木在欧盟顺利通关。受槭属植物解禁正能量的影响，六通园艺 2013 年出口盆景实现开门红。

二、浙江局出境种苗花卉检疫监管示范工作经验

自国家局下发《关于加强进出境种苗花卉检验检疫工作的通知》（国质检动函[2007]831 号文，下简称 831 号文），尤其是承担国家局《出口苗木示范基地建设和检疫除害处理技术研究》（2012IK292）科研项目以来，浙江局以科学发展观为指导，根据辖区种苗花卉出口实际情况，重点对杨桐柃木切枝类产品、盆栽植物、组培苗三大类的检疫监管示范进行了积极探索，着力实现三方面的突破：一是提升 831 号文件的操作性，将 831 号文件总体要求细化并切实落实到在各大类产品的检疫监管工作中；二是完善种苗花卉检疫监管程序化规范化水平；三是提高日常检疫监管工作的针对性和有效性。

经过多年探索，浙江局在苗木示范方面取得了一定的经验，相继出台和起草了《输

欧盆栽检疫规程》（详见第六章）、《浙江检验检疫局出口农产品企业注册登记评审员管理办法（试行）》（浙检动［2009］222号，附件2）等一系列规范性文件和规程。这些规范性文件和规程的出台，提升了国家局831号文件的操作性，种苗花卉检疫监管规范化水平提高了，种苗花卉检疫监管工作的针对性和有效性增强，辖区内出现了一批行内领先甚至国际领先的种苗花卉龙头企业和一批示范性出口苗木基地。现将浙江示范工作经验总结如下：

（1）出口种苗花卉生产经营企业注册登记工作是检疫监管工作示范的关键环节，是检验检疫部门做好出口种苗花卉检疫监管的基础和前提条件。出口种苗花卉生产经营企业注册登记工作的关键点如下。

① 省局牵头成立进出境种苗检验检疫专业小组，充分发挥种苗花卉专家作用，及时总结检疫监管工作经验，出台一系列的规范性文件和规程，完善工作依据统一全省监管目光，从管理源处提升种苗花卉的科学化水平，为苗木种植基地示范打下坚实的基础。

2007年以来浙江局省局层面相继出台了起草了四个规范性文件和规程：《输欧盆栽检疫规程》（详见第六章）、《浙江检验检疫局出口农产品企业注册登记评审员管理办法（试行）》（浙检动［2009］222号）、《浙江检验检疫局出境农产品企业注册登记流程管理办法（试行）》（浙检动函［2010］34号）、（《浙江检验检疫局出境种苗花卉生产经营注册登记企业考核监管实施细则》（草案）。

② 由2～3个评审员或技术专家组成的评审组负责出口种苗花卉生产经营企业注册登记评审工作。评审员应具体以下条件，确保高质量地完成种植基地评审工作：

（a）具有相关专业大专以上学历或中级以上技术职称；

（b）从事种苗花卉检验检疫或参与出口种苗花卉注册登记评审工作2年以上；

（c）熟悉出口种苗花卉企业所申请的出口种苗花卉品种的所需的国内外法律、法规和其他规定，以及生产加工技术、工艺、储存、运输和检验检疫方面的专业知识；

（d）掌握注册评审工作程序及评审标准，以及评审工作要求相适应的观察、分析、判断能力，能够独立或者协助开展现场评审活动。

（e）经常性的省局主管部门组织的专业培训，并考核合格。

③ 企业严格按照《出境种苗花卉生产经营企业注册登记申请材料要求》，提交出境种苗花卉注册登记资格申请。《出境种苗花卉生产经营企业注册登记申请材料要求》申请材料要求中明确列出了企业申请出境种苗花卉种植基地和加工厂注册登记应提交的材料清单，使企业明确一个种植基地和加工厂如何从硬件、设施及管理方面建立起符合要求出口种苗花卉质量管理体系。

④ 评审组把关服务兼顾，认真做好文件评审工作。

为了做好文件评审工作，评审员应当主动摸清这些情况：企业拟出口种苗花卉的品种、这些品种经常出现的病虫害、生产加工工艺，种植基地或加工厂位于什么位置，周边环境有无影响有害生物感染的因素存在，输入国家有哪些具体的要求。

根据摸底信息，评审组和企业一起研究种植基地、生产加工厂最优的设计方案，

进出境种苗花卉检验检疫与标准化建设
The entry-exit inspection, quarantine and standardization
construction of seed, nursery stock and flowers

确保企业必需的硬件如场地、设施应通知企业必须配置到位，管理方面又能体现各自的特色，量身定做每家企业的出境苗木质量管理体系。

文件评审的内容：企业提交材料是否完整，前提性资质是否符合法定要求，拟生产出口种苗花卉的硬件设施、人员能力与质量管理体系是否符合我国及出口国家或地区的检疫监管要求。

⑤ 评审组严格按照以下程序完成现场评审，并填写《出境种苗花卉生产经营企业注册登记现场评审记录》。

(a) 现场评审应当召开见面会，由评审组长告知企业评审目的、依据、方法、程序、保密规定和廉政承诺等事项；

(b) 评审组对照《出境种苗花卉生产经营企业注册登记现场评审记录》的要求逐项进行现场评审。现场评审应当核实的情况：企业前提性资质原件是否有效、企业生产出口种苗花卉的硬件设施、人员能力与质量管理体系是否符合我国及出口国家或地区的检疫监管要求、企业实际情况是否与申请材料相符。

(c) 现场检查结束后，评审组应当召开评审组内部会，统一对评审中发现问题的看法，对发现的不符合项进行确认，对被评审企业出口种苗质量控制体系做出合理判断，确定评审结论，形成书面评审报告，商定总结会事宜。

(d) 总结会由评审组组长主持，向企业重申评审依据、方法和程序，保密规定和廉政承诺等事项，报告现场检查过程中所发现的不符合项，当场宣布现场评审结果。

(e) 评审组对不符合项确认后，应当填写《出境农产品企业注册登记现场评审不符合项及跟踪报告》并当场交企业负责人，与被评审企业商定整改措施完成时间，要求在规定时间内完成整改。现场评审不合格的，评审组应当出具现场评审不合格报告。不符合项报告或现场评审不合格通知书应当场交企业负责人或其代表签字确认并留存。

(2) 根据企业出口种苗花卉有害生物发生特点、输入国要求确定有害生物关键控制点，其他环节有害生物感染隐患有效控制，实现预防为主、重在源头的全程立体多措并举的有害生物综合防控体系，确保出口种苗花卉质量安全。

预防为主、重在源头是指注重前段控制、隔离措施控制手段。

全程防控是指：要求企业根据生产加工流程，仔细分析从种苗花卉进厂到出口的各个环节上有害生物的有效控制。

立体式防控是指：从植物自身、栽培介质、容器、种植环境（从台架、沟渠到种植基地里非出口植物、种植基地临近的植物、包装材料、集装箱）综合考虑有害生物防控，不留死角。

多措并举是指：物理（设施、人工清除、捕杀等）、化学防治、企业有害生物检查、官方有害生物监测、出口检疫等措施相结合、出口检疫等各种手段相结合。

(3) 运用风险分析方法，实施分类管理和动态管理，全面推进出口苗木种植基地示范工作。

运用风险分析方法，依据种苗花卉出口国家、出口产品品种上有害生物发生情况、用途、企业出口种苗花卉质量管理体系等要素给出口产品带来的风险，确定企业类别和抽检批次。

一般按出口产品自身风险、生产加工工艺、出口国要求，对出境种苗花卉分类别管理。浙江局根据出口种苗花卉情况，一般可将出口种苗花卉分为有杨桐柃木切枝类、盆栽植物类、组培苗类、种子种球类、切花类、介质（植物性肥料类）。不同类产品检疫监管要求不一样，具体要求见后。

通过与企业经常沟通、日常监管、随机抽查、产品验证等手段，动态了解企业出口种苗花卉质量管理体系运行是否持续有效。根据动态评估结果及时调整企业管理类别和出口产品抽检批次。通过对企业的动态监管（检疫监管记录表见附件4），督促企业质量管理体系运行有效。

（4）检疫部门通过加大对出口企业、辖区外种植基地所在检验检疫局的沟通、实地检查等方式，实现对辖区外基地最大限度的监管，做好源头控制。

（5）督促企业落实了产品质量第一责任人责任

① 出口企业书面承诺诚实守信，负起产品质量第一责任人的责任：我局要求每个企业必须在《质量安全第一责任人承诺书》上签字盖章。

② 企业应根据以下要求确保有害生物检查工作有效，及时向检疫部门报告有害生物检查情况。在检疫部门指导下，采取隔离、防治、销毁措施妥善处置好感染株。

（a）检查范围：要求检查时要覆盖种植基地及邻近出口产品和非出口植物及相关的环境。

（b）检查时贯彻两条规则：

黑白猫规则：先提取怀疑感染有害生物尤其是关注的有寄生物的植株及相关环境要素如介质等样本，留做下一步处置，如送样检测等。

知己知彼重点关注规则：根据出口国家关注的有害生物及本地区出口植物上有害生物发生情况确定重点要检查什么有害生物。

一般共同关注的病虫害有：寄生线性虫、蚜、蚧、螨、粉虱、软体动物、锈病等。

（c）追溯体系完整真实原则。

结合企业情况建立适合企业操作的记录表式，要求做好全程完整的记录，重点是有害生物防治记录、有害生物检查记录、进出台账、从种植到出口的种植记录，记录或表格之间要能对接，实现从种植到出口全过程中各个环节之间有效对接。具体企业应建立的记录见附件5。

（d）企业按要求落实好培训制度，确保企业与出口种苗花卉相关的人员都明确本岗位要求，以确保建立的质量管理体系能得以切实的运行。检疫监管人员应关注的重点岗位人员有：法人、生产部负责人及植保员、贸易部负责人及报检员。

（e）出口企业要主动动态跟踪出口市场检疫要求的变化，及出口货物在国外的通关情况，并及时向检验检疫部门报告。每年1月底，企业应按要求向检疫部门报告上一年度种苗花卉出口情况。

06

第六章　CHAPTER SIX

我国进出境种苗花卉检验检疫政策法规

进出境种苗花卉检验检疫与标准化建设

THE ENTRY-EXIT INSPECTION, QUARANTINE AND STANDARDIZATION CONSTRUCTION OF SEED, NURSERY STOCK AND FLOWERS

进出境种苗花卉检验检疫与标准化建设
The entry-exit inspection, quarantine and standardization
construction of seed, nursery stock and flowers

第一节　进境植物繁殖材料检疫管理办法（2000）

一、总则

第一条　为防止植物危险性有害生物随进境植物繁殖材料传入我国，保护我国农林生产安全，根据《中华人民共和国进出境动植物检疫法》及其实施条例等有关法律、法规的规定，制定本办法。

第二条　本办法适用于通过各种方式进境的贸易性和非贸易性植物繁殖材料（包括贸易、生产、来料加工、代繁、科研、交换、展览、援助、赠送以及享有外交、领事特权与豁免权的外国机构和人员公用或自用的进境植物繁殖材料）的检疫管理。

第三条　国家出入境检验检疫局（以下简称国家检验检疫局）统一管理全国进境植物繁殖材料的检疫工作，国家检验检疫局设在各地的出入境检验检疫机构（以下简称检验检疫机构）负责所辖地区的进境繁殖材料的检疫和监督管理工作。

第四条　本办法所称植物繁殖材料是植物种子、种苗及其他繁殖材料的统称，指栽培、野生的可供繁殖的植物全株或者部分，如植株、苗木（含试管苗）、果实、种子、砧木、接穗、插条、叶片、芽体、块根、块茎、鳞茎、球茎、花粉、细胞培养材料（含转基因植物）等。

第五条　对进境植物繁殖材料的检疫管理以有害生物风险评估为基础，按检疫风险高低实行风险分级管理。

各类进境植物繁殖材料的风险评估由国家检验检疫局负责并公布其结果。

二、检疫审批

第六条　输入植物繁殖材料的，必须事先办理检疫审批手续，并在贸易合同中列明检疫审批提出的检疫要求。进境植物繁殖材料的检疫审批根据以下不同情况分别由相应部门负责：

（1）因科学研究、教学等特殊原因，需从国外引进禁止进境的植物繁殖材料的，引种单位、个人或其代理人须按照有关规定向国家检验检疫局申请办理特许检疫审批手续。

（2）引进非禁止进境的植物繁殖材料的，引种单位、个人或其代理人须按照有关规定向国务院农业或林业行政主管部门及各省、自治区、直辖市农业（林业）厅（局）申请办理国外引种检疫审批手续。

（3）携带或邮寄植物繁殖材料进境的，因特殊原因无法事先办理检疫审批手续的，携带人或邮寄人应当向入境口岸所在地直属检验检疫机构申请补办检疫审批手续。

（4）因特殊原因引进带有土壤或生长介质的植物繁殖材料的，引种单位、个人或其代理人须向国家检验检疫局申请办理输入土壤和生长介质的特许检疫审批手续。

第七条 国家检验检疫局在办理特许检疫审批手续时，将根据审批物原产地的植物疫情、入境后的用途、使用方式，提出检疫要求，并指定入境口岸。入境口岸或该审批物隔离检疫所在地的直属检验检疫局机构对存放、使用或隔离检疫场所的防疫措施和条件进行核查，并根据有关检疫要求进行检疫。

第八条 引种单位、个人或其代理人应在植物繁殖材料进境前 10 ～ 15 日，将《进境动植物检疫许可证》或《引进种子、苗木检疫审批单》送入境口岸直属检验检疫机构办理备案手续。

对不符合有关规定的检疫审批单，直属检验检疫机构可拒绝办理备案手续。

三、进境检疫

第九条 国家检验检疫局根据需要，对向我国输出植物繁殖材料的国外植物繁殖材料种植场（圃）进行检疫注册登记，必要时商输出国（或地区）官方植物检疫部门同意后，可派检疫人员进行产地疫情考察和预检。

第十条 引种单位、个人或其代理人应在植物繁殖材料进境前 7 日持经直属检验检疫机构核查备案的《进境动植物检疫许可证》或《引进种子、苗木检疫审批单》、输出国家（或地区）官方植物检疫部门出具的植物检疫证书、产地证书、贸易合同或信用证、发票以及其他必要的单证向指定的检验检疫机构报检。

受引种单位委托引种的，报检时还需提供有关的委托协议。

第十一条 植物繁殖材料到达入境口岸时，检疫人员要核对货证是否相符，按品种、数（重）量、产地办理核销手续。

第十二条 对进境植物繁殖材料的检疫，必须严格按照有关国家标准、行业标准以及国家检验检疫局的规定实施。

第十三条 进境植物繁殖材料经检疫后，根据检疫结果分别作如下处理：

（1）属于低风险的，经检疫未发现危险性有害生物，限定的非检疫性有害生物未超过有关规定的，给予放行；检疫发现危险性有害生物，或限定的非检疫性有害生物超过有关规定的，经有效的检疫处理后，给予放行；未经有效处理的，不准入境。

（2）属于高、中风险的，经检疫未发现检疫性有害生物，限定的非检疫性有害生物未超过有关规定的，运往指定的隔离检疫圃隔离检疫；经检疫发现检疫性有害生物，或限定的非检疫性有害生物超过有关规定，经有效的检疫处理后，运往指定的隔离检疫圃隔离检疫；未经有效处理的，不准入境。

四、隔离检疫

第十四条 所有高、中风险的进境植物繁殖材料必须在检验检疫机构指定的隔离检疫圃进行隔离检疫。

进出境种苗花卉检验检疫与标准化建设
The entry-exit inspection, quarantine and standardization
construction of seed, nursery stock and flowers

检验检疫机构凭指定隔离检疫圃出具的同意接收函和经检验检疫机构核准的隔离检疫方案办理调离检疫手续，并对有关植物繁殖材料进入隔离检疫圃实施监管。

第十五条　需调离入境口岸所在地直属检验检疫机构辖区进行隔离检疫的进境繁殖材料，入境口岸检验检疫机构凭隔离检疫所在地直属检验检疫机构出具的同意调入函予以调离。

第十六条　进境植物繁殖材料的隔离检疫圃按照设施条件和技术水平等分为国家隔离检疫圃、专业隔离检疫圃和地方隔离检疫圃。检验检疫机构对隔离检疫圃的检疫管理按照国家检验检疫局制定的"进境植物繁殖材料隔离检疫圃管理办法"执行。

第十七条　高风险的进境植物繁殖材料必须在国家隔离检疫圃隔离检疫。

因承担科研、教学等需要引进高风险的进境植物繁殖材料，经报国家检验检疫局批准后，可在专业隔离检疫圃实施隔离检疫。

第十八条　检验检疫机构对进境植物繁殖材料的隔离检疫实施检疫监督。未经检验检疫机构同意，任何单位或个人不得擅自调离、处理或使用进境植物繁殖材料。

第十九条　隔离检疫圃负责对进境隔离检疫圃植物繁殖材料的日常管理和疫情记录，发现重要疫情应及时报告所在地检验检疫机构。

第二十条　隔离检疫结束后，隔离检疫圃负责出具隔离检疫结果和有关检疫报告。隔离检疫圃所在地检验检疫机构负责审核有关结果和报告，结合进境检疫结果做出相应处理，并出具相关单证。

在地方隔离检疫圃隔离检疫的，由负责检疫的检验检疫机构出具隔离检疫结果和报告。

五、检疫监督

第二十一条　检验检疫机构对进境植物繁殖材料的运输、加工、存放和隔离检疫等过程，实施检疫监督管理。承担进境植物繁殖材料运输、加工、存放和隔离检疫的单位，必须严格按照检验检疫机构的检疫要求，落实防疫措施。

第二十二条　引种单位或代理进口单位须向所在地检验检疫机构办理登记备案手续；隔离检疫圃须经检验检疫机构考核认可。

第二十三条　进境植物繁殖材料到达入境口岸后，未经检验检疫机构许可不得卸离运输工具。因口岸条件限制等原因，经检验检疫机构批准，可以运往指定地点检疫、处理。在运输装卸过程中，引种单位、个人或者其代理人应当采取有效防疫措施。

第二十四条　供展览用的进境植物繁殖材料，在展览期间，必须接受所在地检验检疫机构的检疫监管，未经其同意，不得改作他用。展览结束后，所有进境植物繁殖材料须作销毁或退回处理，如因特殊原因，需改变用途的，按正常进境的检疫规定办理。展览遗弃的植物繁殖材料、生长介质或包装材料在检验检疫机构监督下进行无害化处理。

第二十五条　对进入保税区（含保税工厂、保税仓库等）的进境植物繁殖材料须外包装完好，并接受检验检疫机构的监管。需离开保税区在国内作繁殖用途的，按本办法规定办理。

第二十六条　检验检疫机构根据需要应定期对境内的进境植物繁殖材料主要种植地进行疫情调查和监测，发现疫情要及时上报。

六、附则

第二十七条　对违反本办法的单位和个人，依照《中华人民共和国进出境动植物检疫法》及其实施条例予以处罚。

第二十八条　本办法由国家检验检疫局负责解释。

第二十九条　本办法自 2000 年 1 月 1 日起施行。

第二节　进境植物繁殖材料隔离检疫圃管理办法（2000）

第一条　为做好进境植物繁殖材料隔离检疫工作，防止植物危险性有害生物传入我国，根据《中华人民共和国进出境动植物检疫法》及其实施条例等有关法律法规的规定，制定本办法。

第二条　本办法所指的进境植物繁殖材料隔离检疫圃（以下简称隔离检疫圃）应当由国家出入境检验检疫局（以下简称国家检验检疫局）或国家检验检疫局直属的出入境检验检疫局（以下简称直属检验检疫机构）核准，授予承担进境植物繁殖材料隔离检疫工作的资格。

第三条　隔离检疫圃根据出入境检验检疫机构（以下简称检验检疫机构）的要求，承担进境的高、中风险的植物繁殖材料的隔离检疫，出具隔离检疫结果和报告，并负责隔离检疫期间进境植物繁殖材料的保存和防护工作。

第四条　隔离检疫圃依据隔离条件、技术水平和运作方式分为：

（1）国家隔离检疫圃（以下简称国家圃）：承担进境高、中风险植物繁殖材料的隔离检疫工作。

（2）专业隔离检疫圃（以下简称专业圃）：承担因科研、教学等需要引进的高、中风险植物繁殖材料的隔离检疫工作。

（3）地方隔离检疫圃（以下简称地方圃）：承担中风险进境植物繁殖材料的隔离检疫工作。

隔离检疫圃的工作程序由国家检验检疫局另行制订。

第五条　从事进境植物繁殖材料隔离工作的隔离检疫圃须按以下程序办理申

进出境种苗花卉检验检疫与标准化建设
The entry-exit inspection, quarantine and standardization
construction of seed, nursery stock and flowers

请手续:

(1) 申请成为国家圃或专业圃的隔离检疫圃,须事先向国家检验检疫局提出书面申请,并同时提交其隔离条件、设施、仪器设备、人员、管理措施等资料;国家检验检疫局在接到申请后三十个工作日内完成对有关资料的审核工作,并视情况委托直属检验检疫机构进行实地考察;直属检验检疫机构在接到国家检验检疫局的委托后十五个工作日内完成考察并向国家检验检疫局提交考察报告;国家检验检疫局根据资料审核和考察结果在十五个工作日内作出是否给予核准的决定。

(2) 申请成为地方圃的隔离检疫圃,须在进境植物繁殖材料入圃前 30 日向直属检验检疫机构提出书面申请,并同时提交其隔离条件、设施、仪器设备、人员、管理措施等材料;直属检验检疫机构在接到申请后十五个工作日内完成资料审核和实地考察工作,并作出是否给予核准的决定。

(3) 对于已经核准为国家圃、专业圃或地方圃的隔离检疫圃,检验检疫机构将对其进行定期考核。

第六条　进境植物繁殖材料进入隔离检疫圃之前,隔离检疫圃负责根据有关检疫要求制定具体的检疫方案,并报所在地检验检疫机构核准、备案。

第七条　进境植物繁殖材料的隔离种植期限按检疫审批要求执行。检疫审批不明确的,则按以下要求执行:

(1) 一年生植物繁殖材料至少隔离种植一个生长周期;

(2) 多年生植物繁殖材料一般隔离种植 2～3 年;

(3) 因特殊原因,在规定时间内未得出检疫结果的可适当延长隔离种植期限。

第八条　隔离检疫圃须严格按照所在地检验检疫机构核准的隔离检疫方案按期完成隔离检疫工作,并定期向所在地检验检疫机构报告隔离检疫情况,接受检疫监督。如发现疫情,须立即报告所在地检验检疫机构,并采取有效防疫措施。

第九条　隔离检疫期间,隔离检疫圃应当妥善保管隔离植物繁殖材料;未经检验检疫机构同意,不得擅自将正在进行隔离检疫的植物繁殖材料调离、处理或作他用。

第十条　隔离检疫圃内,同一隔离场地不得同时隔离两批(含两批)以上的进境植物繁殖材料,不准将与检疫无关的植物种植在隔离场地内。

第十一条　隔离检疫完成后,隔离检疫圃负责出具隔离检疫结果和有关的检疫报告。隔离检疫圃所在地检验检疫机构负责审核有关结果和报告,结合进境检疫结果做出相应的处理,并出具有关单证。

在地方隔离检疫圃隔离检疫的,由具体负责隔离检疫的检验检疫机构出具结果和报告。

第十二条　隔离检疫圃完成进境植物繁殖材料隔离检疫后,应当对进境植物繁殖材料的残体作无害化处理。隔离场地使用前后,应当对用具、土壤等进行消毒。

第十三条　违反本办法规定的,依照《中华人民共和国进出境动植物检疫法》及其实施条例的规定予以处罚。

第十四条　本办法由国家检验检疫局负责解释。

第十五条 本办法自 2000 年 1 月 1 日起施行。原国家动植物检疫局 1991 年发布的《引进植物种苗隔离检疫圃管理办法（试行）》同时废止。

第三节 进境栽培介质检疫管理办法（2000）

一、总则

第一条 为了防止植物危险性有害生物随进境栽培介质传入我国，根据《中华人民共和国进出境动植物检疫法》及其实施条例，制定本办法。

第二条 本办法适用于进境的除土壤外的所有由一种或几种混合的具有贮存养分、保持水分、透气良好和固定植物等作用的人工或天然固体物质组成的栽培介质（栽培介质的中英文名称见附件）。

第三条 国家出入境检验检疫局（以下简称国家检验检疫局）统一管理全国进境栽培介质的检疫审批工作。国家检验检疫局设在各地的出入境检验检疫机构（以下简称检验检疫机构）负责所辖地区进境栽培介质的检疫和监管工作。

二、检疫审批

第四条 使用进境栽培介质的单位必须事先提出申请，并应当在贸易合同或协议签订前办理检疫审批手续。

第五条 办理栽培介质进境检疫审批手续必须符合下列条件：

（1）栽培介质输出国或者地区无重大植物疫情发生；

（2）栽培介质必须是新合成或加工的，从工厂出品至运抵我国国境要求不超过四个月，且未经使用；

（3）进境栽培介质中不得带有土壤。

第六条 使用进境栽培介质的单位应当如实填写《中华人民共和国国家出入境检验检疫局进境动植物检疫许可证申请表》，并附具栽培介质的成分检验、加工工艺流程、防止有害生物及土壤感染的措施、有害生物检疫报告等有关材料。

对首次进口的栽培介质，进口单位办理审批时，应同时将经特许审批进口的样品每份 1.5～5 kg，送国家检验检疫局指定的实验室检验，并由其出具有关检验结果和风险评估报告。

第七条 经审查合格，由国家检验检疫局签发《中华人民共和国国家出入境检验检疫局进境动植物检疫许可证》，并签署进境检疫要求，指定其进境口岸和限定其使用范围和时间。

三、进境检疫

第八条 输入栽培介质的货主或其代理人，应当在进境前持检疫审批单向进境口岸检验检疫机构报检，并提供输出国官方植物检疫证书、贸易合同、信用证和发票等单证。检疫证书上必须注明栽培介质经检疫符合中国的检疫要求。

第九条 栽培介质进境时，检验检疫机构对进境栽培介质及其包装和填充物实施检疫。必要时，可提取部分样品送交国家检验检疫局指定的有关实验室，确认是否与审批时所送样品一致。

经检疫未发现病原真菌、细菌和线虫、昆虫、软体动物及其他有害生物的栽培介质，准予放行。

第十条 携带有其他危险性有害生物的栽培介质，经实施有效除害处理并经检疫合格后，准予放行。

第十一条 对以下栽培介质做退回或销毁处理：

（1）未按规定办理检疫审批手续的；

（2）带有土壤的；

（3）带有我国进境植物检疫一、二类危险性有害生物或对我国农、林、牧、渔业有严重危害的其他危险性有害生物，又无有效除害处理办法的；

（4）进境栽培介质与审批样品不一致的。

四、检疫监管

第十二条 国家检验检疫局对向我国输出贸易性栽培介质的国外生产、加工、存放单位实行注册登记制度。必要时，商输出国有关部门同意，派检疫人员赴产地进行预检、监装或者产地疫情调查。

第十三条 使用进境栽培介质的单位，须向口岸检验检疫机构申请注册登记。检验检疫机构对其进境的栽培介质使用过程、隔离设施和卫生条件等指标进行考核验收，合格后发给注册登记证。

第十四条 检验检疫机构应对栽培介质进境后的使用范围和使用过程进行定期检疫监管和疫情检测，发现疫情和问题及时采取相应的处理措施，并将情况上报国家检验检疫局。对直接用于植物栽培的，监管时间至少为被栽培植物的一个生长周期。

第十五条 带有栽培介质的进境参展盆栽植物必须具备严格的隔离措施。进境时应更换栽培介质并对植物进行洗根处理，如确需保活而不能进行更换栽培介质处理的盆栽植物，必须按有关规定向国家检验检疫局办理进口栽培介质审批手续，但不需预先提供样品。

第十六条 带有栽培介质的进境参展植物在参展期间由参展地检验检疫机构进行检疫监管；展览结束后需要在国内销售的应按有关贸易性进境栽培介质检疫规定办理。

五、附则

第十七条 对违反本办法的有关当事人，依照《中华人民共和国进出境动植物检疫法》及其实施条例给予处罚。

第十八条 本办法由国家检验检疫局负责解释。

第十九条 本办法自 2000 年 1 月 1 日起执行。

附件：栽培介质的中英文名称

栽培介质包括 potting substratum、potting soil、potting medium 等。如砂 sand、炉渣 calcined、矿渣 acoria、沸石 zeolite、煅烧黏土 calcined clay、陶粒 clay pellets、蛭石 vermiculite、珍珠岩 perlite、矿棉 rockwool、玻璃棉 glasswool、浮石 pumide、片岩 schist、火山岩 volcanic rock、聚苯乙烯 polystyrene、聚乙烯 polyethylen、聚氨酯 polyurethane、塑料颗粒 plastic particle、合成海绵 synthetic sponge 等无机栽培介质，以及来源为有机物并经高温、高压灭菌处理的介质，如泥炭 peat、泥炭藓 sphagnum、苔藓 moos、树皮 barks、椰壳（糠）cocos substrate、软木 cork、木屑 saw dust、稻壳 rice hulls、花生壳 peanut hulls、甘蔗渣 bagase、棉子壳 cotton hulls 等。

第四节 关于加强进出境种苗花卉检验检疫工作的通知（2007）

各直属检验检疫局、检科院、标法中心：

种苗花卉是植物检验检疫风险极高的农产品，受到世界各国检验检疫部门的高度关注。为贯彻落实全国质量工作会议精神，确保进出境种苗花卉质量和安全，防止疫情传入传出，根据《国务院关于加强食品等产品安全监督管理的特别规定》、《国务院关于加强产品质量和食品安全工作的通知》和《全国产品质量和食品安全专项整治行动方案》，现就加强进出境种苗花卉检验检疫工作有关要求通知如下：

一、统一思想，提高认识，建立进出境种苗花卉科学管理体系

（1）当前进出境种苗花卉数量大、种类多、贸易方式复杂，时效性要求高，检验检疫监管难度大。各级检验检疫机构要充分认识做好进出境种苗花卉检验检疫工作的重要性、艰巨性、复杂性，用科学发展观指导检验检疫工作，创造性地开展工作，以适应当前进出境种苗花卉贸易快速发展的需要，切实提高进出境种苗花卉检验检疫工作的有效性，防范有害生物传入传出，保护农林业生产和生态环境安全。

（2）从事出境种苗花卉生产经营企业要建立种苗花卉种植、加工、包装、储运、出口等全过程质量安全保障体系，完善溯源记录，推行节能、节水、环保的生产方式，加强对有害生物的监测与控制，采取有效措施防止病虫害发生与传播扩散。

（3）从事进境种苗花卉生产经营企业要向所在地检验检疫机构备案。检验检疫部门根据种苗花卉风险高低实施分类管理。对风险较高的种苗花卉要派人员赴境外产地预检。对少量的科研或资源性引种，特别是引进我国禁止进境的种苗，要进行严格的隔离检疫；要严格控制大批量生产性商业引种，完善进境检疫要求，落实好进境种植条件，定期对种植地进行疫情监测。

（4）从事进出境种苗花卉生产经营企业要建立产品进货和销售台账，且至少保存2年。进货台账包括货物名称、规格、数量、来源国家或地区、供货商及其联系方式、进货或进口时间等，销售台账包括货物名称、规格、数量、输入国家或地区、收货人及其联系方式、出口时间等。

二、突出重点，周密部署，对出境种苗花卉生产经营企业全面实施注册登记管理

（1）实施出境种苗花卉基地注册登记制度，推行"公司＋基地＋标准化"管理模式。从事出境种苗花卉生产经营企业，应向所在地检验检疫机构申请注册登记，填写《出境种苗花卉生产经营企业注册登记申请表》及提交相关证明材料。检验检疫机构要对提交的申请材料进行审核，并按照第（六）条所列要求组织考核。考核合格的，颁发出境种苗花卉生产经营企业检疫注册登记证书，注册登记证书有效期3年。

（2）注册登记的具体要求如下：

种植基地要求：

① 应符合我国和输入国家或地区规定的植物卫生防疫要求。

② 近两年未发生重大植物疫情，未出现重大质量安全事故。

③ 应建立完善的质量管理体系。质量管理体系文件包括组织机构、人员培训、有害生物监测与控制、农用化学品使用管理、良好农业操作规范、溯源体系等有关资料。

④ 建立种植档案，对种苗花卉来源流向、种植收获时间，有害生物监测防治措施等日常管理情况进行详细记录。

⑤ 应配备专职或者兼职植保员，负责基地有害生物监测、报告、防治等工作。

⑥ 符合其他相关规定。

加工包装厂及储存库要求：

① 厂区整洁卫生，有满足种苗花卉贮存要求的原料场、成品库。

② 存放、加工、处理、储藏等功能区相对独立、布局合理，且与生活区采取隔离措施并有适当的距离。

③ 具有符合检疫要求的清洗、加工、防虫防病及必要的除害处理设施。

④ 加工种苗花卉所使用的水源及使用的农用化学品均须符合我国和输入国家或地区有关卫生环保要求。

⑤ 建立完善的质量管理体系，包括对种苗花卉加工、包装、储运等相关环节的疫情防控措施、应急处置措施、人员培训等内容。

⑥ 建立产品进货和销售台账，种苗花卉各个环节溯源信息要有详细记录。

⑦ 出境种苗花卉包装材料应干净卫生，不得二次使用，在包装箱上标明货物名称、数量、生产经营企业注册登记号、生产批号等信息。

⑧ 配备专职或者兼职植保员，负责原料种苗花卉验收、加工、包装、存放等环节防疫措施的落实、质量安全控制、成品自检等工作。

⑨ 有与其加工能力相适应的提供种苗花卉货源的种植基地，或与经注册登记的种植基地建有固定的供货关系。

⑩ 符合其他相关规定。

(3) 各直属检验检疫局应加快完成出境种苗花卉注册登记工作，将注册名单报总局备案，并在网站上公布。自 2007 年 12 月 1 日起，未获得注册登记的企业，不得从事出境种苗花卉生产经营业务。出境种苗花卉实施产地检验检疫、口岸查验放行制度，来自未实施注册登记生产经营企业的种苗花卉，检验检疫机构不得受理报检，不准出口。

(4) 出境种苗花卉生产经营企业应对产品质量安全负责。检验检疫机构要建立出境种苗花卉生产经营企业诚信管理制度，做好良好和不良记录，鼓励企业诚实守信、合法经营。对伪造单证、逃避检验检疫、弄虚作假的企业、报检人或代理人，取消其注册登记资格、报检资格，并按有关规定予以处罚。

三、加大口岸检测、处理力度，提高进出境种苗花卉检验检疫把关效能

(1) 要加大对进出境种苗花卉检验检疫把关力度。种苗花卉进境口岸应具备必需的现场查验场所和防疫处理设施，入境检验检疫机构应配备相应专业技术人员和实验室条件，不符合条件的口岸将不允许进口种苗花卉。

(2) 要研究开发进出境种苗花卉有害生物快速、准确的检测鉴定方法，特别是植物病原体分子生物学检测方法、试剂，并在全系统推广使用。同时，要规范口岸抽样、查验程序，强化现场查验与实验室检测的协作配合，优化资源配置，改进工作模式，大力提高进出境种苗花卉疫情检出率。

进出境种苗花卉检验检疫与标准化建设
The entry-exit inspection, quarantine and standardization
construction of seed, nursery stock and flowers

（3）要加强种苗花卉除害处理方法研究，对温汤药剂浸种、商用种衣剂、包埋剂、药剂植物浸根、栽培介质热处理、鲜活植物熏蒸处理等不同处理方法有效性进行评估、筛选，并及时将相关除害处理方法及技术指标上升为标准并运用到进出境种苗花卉检验检疫实践中，成为降低疫情传入传出和提高产品质量安全水平的有效措施。

（4）对进境种苗花卉截获的疫情和出境种苗花卉检出输入国家或地区关注的检疫性有害生物，要采取严格的检疫处理措施。对进境种苗花卉截获的疫情，无有效除害处理方法的，一律作退运或销毁处理，并由总局向国外发出违规通报，要求进行调查并采取有效的改进措施。对出境种苗花卉中检出输入国家或地区关注的有害生物，且无有效除害处理方法的，一律不准出境。

四、宣传引导，协作配合，共同把好进出境种苗花卉质量安全关

（1）各地检验检疫机构要加大宣传力度，将种苗花卉检验检疫有关规定和要求及时通知有关企业，引导种苗花卉企业建立全过程溯源管理体系，从源头抓质量安全，实施良好农业操作规范，提高质量安全管理水平。

（2）加强与农业、林业部门在种苗花卉检疫审批、隔离检疫、疫情监测、基地管理等方面的沟通与协作，促进信息资源共享，共同把好进出境种苗花卉质量安全关。进出境种苗花卉基地发现重大植物疫情等质量安全事件，要做到立即报告、迅速介入、妥善处置。

（3）要严厉打击种苗花卉非法进出境行为，对旅客携带物、邮寄物要加大抽查比例，查获非法进出口种苗花卉的，一律作销毁处理，并依法严厉查处有关责任人。

第五节　进境花卉检疫管理办法（1998）

第一条　为了防止植物检疫性有害生物随进境花卉传入我国，保护我国花卉生产安全，根据《中华人民共和国进出境动植物检疫法实施条例》的规定，制定本办法。

第二条　本办法适用于贸易、科研、交换、携带、邮寄、展览、赠送以及享有外交、领事特权与豁免权的外国机构和人员公用或者自用的进境花卉，包括花卉种苗（花卉种子、花卉种球、花卉苗木）和切花（切叶）。

第三条　花卉种苗进境前，货主或者其代理人必须事先提出申请，按照有关规定办理检疫审批手续，经审批同意后，方可对外签订贸易合同或者协议，并将检疫要求列入有关条款中。

携带、邮寄的花卉种苗，因特殊情况无法事先办理检疫审批手续的，携带人或者收件人应当在口岸补办检疫审批手续，经审批同意并检疫合格后方准进境。

第四条 国家动植物检疫局和口岸动植物检疫机关根据情况对向我国出口的贸易性花卉种苗的外国花卉公司实行注册登记制度。必要时，商输出国家有关部门同意派检疫人员赴输出国产地进行疫情调查和预检。

口岸动植物检疫机关对进境花卉种苗国内种植地实行检疫监督管理。

第五条 花卉种苗进境时应符合下列条件：

(1) 附有检疫审批单；

(2) 附有输出国家或者地区官方植物检疫部门出具的植物检疫证书；

(3) 不得带有我国规定的进境植物检疫性有害生物；

(4) 不得带有土壤；

(5) 符合中国与输出国家或者地区签订的有关双边植物检疫协定、备忘录、议定书、工作计划等；

(6) 原产地标记明确。

第六条 随花卉进境的营养介质也应符合国家动植物检疫局制定的有关规定。

第七条 货主或者其代理人应当在花卉进境前或者进境时，向进境口岸动植物检疫机关报检。报检时，应当填写报检单，提交输出国家或者地区官方出具的植物检疫证书、贸易合同等单证。

第八条 对进境的花卉种苗，检疫人员应根据不同的产地、数量、种类、品种和质量状况按规定进行现场检疫和抽样，并将样品及时送实验室检验。

第九条 进境花卉种苗，须作以下隔离检疫：

(1) 属资源性引种的须在国家级检疫隔离圃隔离种植；

(2) 属生产性引种的须在口岸动植物检疫机关认可的隔离场所进行隔离种植。

隔离种植期间，种植地口岸动植物检疫机关应进行检疫和监管。检疫隔离场所需符合下列条件：

具有防虫能力的网室、温室，或者具有自然隔离条件；

与同科其他植物隔离；

配备有植保专业技术人员；

具有防止隔离植物流失和病、虫扩散的管理措施。

第十条 进境口岸动植物检疫机关对进境花卉种苗调离至辖区外种植的，应及时将检疫情况及流向通知种植地口岸动植物检疫机关进行隔离种植检疫和监管。

属于转关的，货主或者其代理人应当在进境时向进境口岸动植物检疫机关申报，到种植地口岸动植物检疫机关报检并检疫。进境口岸动植物检疫机关应及时将有关信息通知种植地口岸动植物检疫机关。

第十一条 根据现场和室内检疫结果，在进境花卉中发现植物检疫性有害生物的，作除害处理，无有效除害处理方法的，作销毁或者退回处理；发现有刺吸性传毒昆虫的，作灭虫处理；在营养介质中发现寄生性线虫的，作杀灭线虫处理。

在隔离检疫期间，发现植物检疫性有害生物的，对隔离检疫的所有花卉种苗作销毁处理，并作好疫情监测工作。

第十二条　在进境花卉检疫中发现携带有检疫性有害生物并进行检疫处理的，口岸动植物检疫机关将出具植物检疫证书供货主对外索赔。

第十三条　在进境花卉检疫中发现携带有检疫性有害生物的，且又无有效检疫处理方法的，将暂停从该国进境此种花卉。待输出国植物检疫部门采取有效措施并经国家动植物检疫局确认后方可恢复进口。

第十四条　在中国举办展览用的进境花卉，按下列要求办理：

(1) 展览前，举办单位或者代理人应向当地口岸动植物检疫机关提出申请，详细提供展览用的花卉种类、数量、产地等有关信息，并报国家动植物检疫局批准后，方可对外签订展览合同或者协议。

(2) 入境时，接受口岸动植物检疫机关的检疫；

(3) 展览期间，接受口岸动植物检疫机关的检疫监督管理。

(4) 展览期间或者结束后，对带有土壤的花卉种苗，如需销售或者转赠的，须进行换土，换下的土壤作无害化处理。遗弃的花卉种苗须在口岸动植物检疫机关的监督下进行销毁处理。

第十五条　本办法自 1998 年 4 月 1 日起施行。

第六节　关于批准山东青岛流亭机场等为进口植物种苗指定入境口岸的公告（2010）

根据国家质检总局《关于采取进口植物种苗指定入境口岸措施的公告》（2009年第 133 号）的规定，进口植物种苗必须从考核批准的进口植物种苗指定入境口岸进境。应山东青岛流亭机场等口岸的申请，近期国家质检总局组织专家实地考核评估，现就调整进口植物种苗指定入境口岸名单公告如下：

(1) 批准山东青岛流亭机场、陕西西安咸阳国际机场、广东湛江港、深圳大铲湾港、珠海九州港为进口植物种苗指定入境口岸。

(2) 鉴于口岸布局等原因，取消深圳蛇口港作为进口植物种苗指定入境口岸。

(3) 调整后进口植物种苗指定入境口岸共 48 个，详细名单见附件。

二〇一〇年十二月二十三日

附 件：进口植物种苗指定入境口岸名单（2010 年）

北京市

1. 朝阳口岸
2. 北京首都国际机场

天津市

3. 天津新港

山西省

4. 太原武宿机场

辽宁省

5. 大连大窑湾港

黑龙江省

6. 哈尔滨太平国际机场
7. 黑河港

上海市

8. 外高桥港
9. 浦东国际机场
10. 洋山港

江苏省

11. 连云港
12. 南京港
13. 南京禄口国际机场
14. 苏州工业园保税区

浙江省

15. 杭州萧山国际机场
16. 宁波北仑港

福建省

17. 厦门东渡港
18. 厦门高崎国际机场
19. 福州港
20. 泉州港

江西省

21. 南昌昌北机场

山东省

22. 青岛港
23. 烟台港
24. 青岛流亭机场

河南省

25. 郑州新郑国际机场

湖北省

26. 武汉天河机场

湖南省

27. 长沙黄花机场

广东省

28. 广州黄埔新港
29. 广州白云国际机场
30. 广州新风港
31. 番禺莲花山口岸
32. 佛山南海港
33. 顺德北滘港
34. 顺德勒流港

35. 佛山滘口口岸

36. 高明港

37. 湛江港

38. 深圳盐田港

39. 深圳沙头角口岸

40. 深圳大铲湾港

41. 珠海九州港

海南省

42. 海口港

广西壮族自治区

43. 凭祥口岸

云南省

44. 昆明巫家坝国际机场

45. 瑞丽口岸

四川省

46. 成都双流国际机场

甘肃省

47. 兰州中川机场

陕西省

48. 西安咸阳国际机场

第七节　关于调整进口植物种苗指定入境口岸的公告（2012）

自 2009 年我国实施进口植物种苗指定入境口岸制度以来，进境种苗检验检疫安全把关与服务水平显著提高，有力地促进我国安全引进优良植物品种资源，推动农业现代化发展，得到了农林部门及相关产业界的积极配合与支持。实践证明，指定入境口岸制度是提升进境植物种苗检疫监管规范化、科学化水平的有效手段。

根据种苗指定口岸不断优化调整原则，2012 年下半年质检总局组织专家开展了进境种苗指定口岸业务督查及考核验收，并在上海进行了专题研讨。现就调整进口植物种苗指定口岸名单公告如下：

（1）批准大连周水子国际机场、天津滨海国际机场、福州长乐国际机场、台山公益港、海口美兰机场等 5 个口岸新增为进口植物种苗指定入境口岸（试行期 1 年）。

（2）鉴于口岸布局调整、无业务量或很少、疫情检出率低等原因，调整取消太原武宿机场、黑河港、泉州港、郑州新郑国际机场、长沙黄花机场、湛江港、海口港、西安咸阳国际机场等 8 个口岸进境种苗指定口岸资格。

（3）新调整的进口植物种苗指定入境口岸共 45 个，详细名单见附件。

（4）本公告自发布之日起实施。

附件：进口植物种苗指定入境口岸名单（2012 年）

质检总局
2012 年 12 月 27 日

附 件：进口植物种苗指定入境口岸名单（2012 年）

北京市

1. 朝阳口岸
2. 北京首都国际机场

天津市

3. 天津新港
4. 天津滨海国际机场

辽宁省

5. 大连大窑湾港
6. 大连周水子国际机场

黑龙江省

7. 哈尔滨太平国际机场

上海市

8. 外高桥港
9. 浦东国际机场
10. 洋山港

江苏省

11. 连云港
12. 南京港
13. 南京禄口国际机场
14. 苏州工业园保税区

浙江省

15. 杭州萧山国际机场
16. 宁波北仑港

福建省

17. 厦门东渡港
18. 厦门高崎国际机场
19. 福州港
20. 福州长乐国际机场

江西省

21. 南昌昌北机场

山东省

22. 青岛港
23. 烟台港
24. 青岛流亭机场

湖北省

25. 武汉天河机场

广东省

26. 广州黄埔新港
27. 广州白云国际机场
28. 广州新风港

进出境种苗花卉检验检疫与标准化建设
The entry-exit inspection, quarantine and standardization
construction of seed, nursery stock and flowers

29. 番禺莲花山口岸

30. 佛山南海港

31. 顺德北滘港

32. 顺德勒流港

33. 佛山滘口口岸

34. 高明港

35. 台山公益港

36. 深圳盐田港

37. 深圳沙头角口岸

38. 深圳大铲湾港

39. 珠海九洲港

海南省

40. 海口美兰国际机场

广西壮族自治区

41. 凭祥口岸

云南省

42. 昆明口岸

43. 瑞丽口岸

四川省

44. 成都双流国际机场

甘肃省

45. 兰州中川机场

第八节 关于暂停从荷兰 Hilverda Bloemen b.v. 公司进口肖竹芋、凤梨的公告 (2003)

2002 年 12 月，上海出入境检验检疫局在自荷兰进口的肖竹芋花卉种苗实施检疫时，截获一类检疫性有害生物——香蕉穿孔线虫［(*Radopholus similes* (Cobb) Thorne)］。为防止疫情传入，保护我国农林业生产安全，根据《中华人民共和国进出境动植物检疫法》及其实施条例的有关规定，决定对荷兰香蕉穿孔线虫寄主植物及栽培介质采取临时紧急检疫措施。

(1) 自公告发布之日起，暂停进口荷兰 Hilverda Bloemen b.v. 公司生产的肖竹芋、凤梨等香蕉穿孔线虫寄主植物和栽培介质。一经发现，一律作退运或销毁处理。

(2) 暂停办理进口荷兰 Hilverda Bloemen b.v. 公司生产的肖竹芋、凤梨等香蕉穿孔线虫寄主植物和栽培介质的检疫审批。

(3) 各出入境检验检疫机构要加强对来自荷兰花卉种苗的检疫工作，发现香蕉穿孔线虫，一律作退运或销毁处理。

（4）凡违反规定者，将依照《中华人民共和国进出境动植物检疫法》及其实施条例的有关规定进行处理。

国家质检总局　农业部　国家林业局
二〇〇三年二月十四日

第九节　关于暂停从椰心叶甲发生国家及地区进口棕榈科植物种苗的公告（2001）

根据《中华人民共和国进出境动植物检疫法》等有关法律法规的规定，以及椰心叶甲［（*B. Longissima*（Gestro）］等植物疫情的最新变化情况，特公告如下：

（1）自本公告发布之日起，暂停从有椰心叶甲发生的国家及地区，包括印度尼西亚、澳大利亚、巴布亚新几内亚、所罗门群岛、新喀里多尼亚、萨摩亚群岛、法属波利尼西亚、新赫布里第群岛、俾斯麦群岛、社会群岛、塔西提岛及中国台湾和中国香港进口棕榈科植物种苗。

（2）请各省、自治区、直辖市、计划单所列市农业、林业部门自本公告发布之日起暂停办理有关检疫审批手续。

（3）对于在本公告发布前已办完检疫审批手续的进境棕榈科植物种苗，有关检验检疫部门要针对椰心叶甲采取严格的检疫和监管措施，防止疫情传入。

农业部　国家林业局　国家出入境检验检疫局
二〇〇一年三月二十六日

进出境种苗花卉检验检疫与标准化建设
The entry-exit inspection, quarantine and standardization
construction of seed, nursery stock and flowers

第十节 关于从栎树猝死病发生国家或地区进口寄主植物检疫要求的公告（2009）

栎树猝死病菌［（*Phytophthora ramorum*，Sudden Oak Death（SOD）］是近年来新发现的一种为害林木和观赏植物的毁灭性真菌病害，可在短期内造成寄主植物大量死亡。该病害在中国没有发生，是中国法律规定禁止进境的检疫性有害生物。为防止栎树猝死病菌传入，保护我国林业、花卉生产及生态环境安全，经有害生物风险分析并征求WTO成员意见，现就从栎树猝死病菌发生国家或地区进口相关寄主植物的检疫要求公告如下。

（1）本植物检疫要求适用于从栎树猝死病菌发生国家或地区（名单见附件1）输往中国的寄主植物（名单见附件2）。上述名单将根据疫情发生情况进行动态调整。

（2）输华寄主植物（种子、果实及组培苗除外）应产自没有栎树猝死病菌发生的产区。输出国家或地区检验检疫部门应对种植区进行疫情调查监测，对输华寄主植物种植苗圃实施注册登记管理，并向中国国家质量监督检验检疫总局提供符合要求的产区及注册登记种植苗圃名单。

（3）出口前，输出国家或地区检验检疫部门应对寄主植物进行栎树猝死病菌项目检测，确保不带该病菌。输华寄主植物附带的栽培介质，应在出口前进行高温灭菌等除害处理。

（4）对符合要求的寄主植物，输出国家或地区检验检疫部门应出具植物检疫证书，并在证书附加声明栏中注明："The plants in this shipment originate in（name of registered nursery）where is free of *Phytophthora ramorum*，and have been tested found free of *Phytophthora ramorum* prior to export"（本批植物产自没有栎树猝死病菌发生的 ＊＊＊＊＊ 注册种植苗圃，出口前检测没有发现栎树猝死病菌）。

（5）必要时，中国国家质量监督检验检疫总局将派专家赴栎树猝死病菌发生国家或地区，核实寄主植物种植苗圃栎树猝死病菌发生情况，并对采取的植物检疫措施进行评估。

（6）寄主植物到达中国入境口岸时，出入境检验检疫机构将检查植物检疫证书，确认是否来自注册种植苗圃，并针对栎树猝死病菌进行检测。如发现寄主植物来自发生栎树猝死病菌国家或地区非注册苗圃，或未按上述第四条要求出具植物检疫证书，或检出栎树猝死病菌，将对相关寄主植物采取退运、销毁或暂停进口等措施。

本植物检疫要求自2009年9月1日起实施。

二〇〇九年七月十日

附件 1：栎树猝死病菌发生国家或地区名单

德国、荷兰、波兰、西班牙、英国、比利时、法国、意大利、丹麦、瑞典、爱尔兰、斯洛文尼亚、芬兰、瑞士、挪威、立陶宛、美国（暂限加利福尼亚州、俄勒冈州）。

附件 2：栎树猝死病菌寄主植物名单

1. *Abies* 冷杉属
2. *Acer* 槭属
3. *Adiantum* 铁线蕨属
4. *Aesculus* 七叶树属
5. *Arbutus* 浆果鹃属
6. *Arctostaphylos* 熊果属
7. *Ardisia* 紫金牛属
8. *Berberis* 小檗属
9. *Calluna* 帚石楠属
10. *Calycanthus* 夏腊梅属
11. *Camellia* 山茶属
12. *Castanea* 栗属
13. *Castanopsis* 栲属
14. *Cercis* 紫荆属
15. *Ceanothus* 美洲茶属
16. *Cinnamomum* 樟属
17. *Clintonia* 七筋姑属
18. *Cornus* 梾木属
19. *Corylopsis* 蜡瓣花属
20. *Corylus* 榛属
21. *Distylium* 蚊母树属
22. *Drimys* 卤室木属
23. *Dryopteris* 鳞毛蕨属
24. *Eucalyptus* 桉属
25. *Euonymus* 卫茅属
26. *Fagus* 水青冈属
27. *Fraxinus* 白蜡属
28. *Garrya* 丝穗木属
29. *Gaultheria* 白珠树属
30. *Griselinia* 山茱萸属
31. *Hamamelis* 金缕梅属
32. *Heteromeles* 假苹果属
33. *Ilex* 冬青属
34. *Kalmia* 山月桂属
35. *Laurus* 月桂属
36. *Leucothoe* 木藜芦属
37. *Lithocarpus* 石栎属
38. *Lonicera* 忍冬属
39. *Loropetalum* 檵木属
40. *Magnolia* 木兰属
41. *Maianthemum* 舞鹤草属
42. *Manglietia* 木莲属
43. *Michelia* 含笑属
44. *Nerium* 夹竹桃属

进出境种苗花卉检验检疫与标准化建设
The entry-exit inspection, quarantine and standardization
construction of seed, nursery stock and flowers

45. *Nothofagus* 假山毛榉属
46. *Osmanthus* 木犀属
47. *Osmorhiza* 香根芹属
48. *Parakmeria* 拟单性木兰属
49. *Parrotia* 银缕梅属
50. *Photinia* 石楠属
51. *Physocarpus* 风箱果属
52. *Pieris* 马醉木属
53. *Pittosporum* 海桐属
54. *Prunus* 李属
55. *Pseudotsuga* 黄杉属
56. *Pyracantha* 火棘属
57. *Quercus* 栎属
58. *Rhamnus* 鼠李属
59. *Rhododendron* 杜鹃花属

60. *Rosa* 蔷薇属
61. *Rubus* 悬钩子属
62. *Salix* 柳属
63. *Schima* 木荷属
64. *Sequoia* 红杉属
65. *Syringa* 丁香属
66. *Taxus* 紫杉属
67. *Torreya* 榧树属
68. *Toxicodendron* 漆树属
69. *Trientalis* 七瓣莲属
70. *Umbellularia* 伞桂属
71. *Vaccinium* 越橘属
72. *Vancouveria* 范库弗草属
73. *Viburnum* 荚蒾属

第十一节　农业部、国家质量监督检验检疫总局关于扶桑绵粉蚧的公告

　　近期，在广东省广州市局部地区的扶桑上发现扶桑绵粉蚧（*Phenacoccus solenopsis* Tinsley）。此前，没有该虫在我国发现的记载。据报道，该虫在北美、南美、亚洲、非洲的一些国家或地区有发生，主要危害棉花、扶桑、向日葵、南瓜、番茄、人参果、曼陀罗、茄子、羽扇豆等植物。

　　广州市农业主管部门已对发现的扶桑绵粉蚧采取了封锁扑灭措施。为保护我国农业生产安全，根据《中华人民共和国进出境动植物检疫法》的规定和扶桑绵粉蚧的风险分析结果，现决定将扶桑绵粉蚧列入《中华人民共和国进境植物检疫性有害生物名录》，请出入境检验检疫机构依法加强对来自该虫发生国家或地区寄主植物的检验检疫。

　　本公告自发布之日起执行。

二〇〇九年二月三日

第十二节 农业部、国家质量监督检验检疫总局关于向日葵黑茎病的公告

近期，在我国新疆伊犁州特克斯、新源、尼勒克和巩留县，宁夏惠农区、永宁县以及内蒙古赤峰市局部田块发现向日葵黑茎病（*Leptosphaeria lindquistii* Frezzi，无性态：*Phoma macdonaldii* Boerma）危害。此前，没有该病在我国发生危害记载。据报道，该病害可造成向日葵减产 20%～80%、含油率大幅降低。

向日葵是我国重要的油料作物之一，为保护我国农业生产安全，根据《中华人民共和国进出境动植物检疫法》的规定和风险分析结果，决定将向日葵黑茎病列入《中华人民共和国进境植物检疫性有害生物名录》。各地出入境检验检疫机构依法加强对来自该病害发生国家或地区向日葵种子的检验检疫，各省（区、市）农业行政主管部门严格国外引种检疫审批，要求引种单位或个人必须提供出口国官方检疫机构出具其种子产地没有向日葵黑茎病及其他检疫性有害生物发生的证明，防止向日葵黑茎病传入和扩散。

本公告自发布之日起执行。

特此公告

二〇一〇年十月二十日

第十三节 农业部、国家质量监督检验检疫总局关于木薯绵粉蚧和异株苋亚属的公告

木薯绵粉蚧（*Phenacoccus manihoti* Matile-Ferrero）和异株苋亚属（*Subgen Acnida* L.）杂草是危害多种农作物的有害生物。据非洲和美洲的研究报道，木薯绵粉蚧可危害木薯、大豆、柑橘等农作物，对木薯产量的影响达 80%；异株苋亚属杂草可造成玉米、棉花、大豆等主要作物减产 11%～74%。风险分析结果表明，上述有害生物随农产品贸易传入我国的风险高，防控难度大，对农业生产和生态环境构成严重威胁。

根据《中华人民共和国进出境动植物检疫法》的规定，决定将木薯绵粉蚧和异株

进出境种苗花卉检验检疫与标准化建设
The entry-exit inspection, quarantine and standardization
construction of seed, nursery stock and flowers

苋亚属杂草列入《中华人民共和国进境植物检疫性有害生物名录》。各地出入境检验检疫机构要依法加强对来自木薯绵粉蚧和异株苋亚属杂草发生国家或地区植物及植物产品的检验检疫，各省（区、市）农业行政主管部门要严格国外引种检疫审批，加强疫情监测，防止上述有害生物传入我国。

本公告自发布之日起执行。

特此公告。

二〇一一年六月二十日

第十四节　农业部、国家质量监督检验检疫总局关于油菜茎基溃疡病菌的公告

2010 年以来，中国出入境检验检疫机构先后两次分别从德国进口的油菜种子和新西兰进口的青菜种子中截获我国禁止进境植物检疫性有害生物——油菜茎基溃疡病菌 [（*Leptosphaeria maculans* （Desm.）Ces. et De Not.]。为防止该疫情传入，保护我国农业生产安全，根据《中华人民共和国进出境动植物检疫法》等有关法律法规的规定及风险分析结果，决定对德国和新西兰油菜茎基溃疡病菌寄主植物采取临时紧急检疫措施。

（1）禁止进口德国、新西兰的油菜茎基溃疡病菌主要寄主植物种子（见附件）。一经发现，一律作退运或销毁处理。

（2）停止办理进口德国、新西兰油菜茎基溃疡病菌主要寄主植物种子的检疫审批。

（3）各地农业植物检疫机构要加强对近年来引进德国、新西兰油菜茎基溃疡病菌寄主植物种子种植区的疫情监测，发现疫情要立即依法处置，并按规定程序及时上报。

（4）各出入境检验检疫机构要加强对进口油菜茎基溃疡病菌寄主植物种子的检疫监管及外来疫情监测工作。

本公告自发布之日起执行。

附件：油菜茎基溃疡病菌主要寄主植物名单

二〇一一年十二月二十一日

附件：油菜茎基溃疡病菌主要寄主植物名单

欧洲油菜（*Brassica napus* L.）、青菜（*Brassica chinensis* L.）、菜苔 [*Brassia parachinensis* L.H. Bailey]、芥菜 [*Brassica juncea* (L.)Czern. et *Coss.*]，芜菁（*Brassia rapa* L.）、甘蓝（*Brassia oleracea* L.）、黑芥（*Brassia nigra* L.）、白菜 [*Brassia pekinensis* (Lour.)Rupr.]、萝卜（*Raphanus sativus* L.）、野萝卜（*Raphanus raphanistrum* L.）、白芥子（*Sinapis alba* L.）、芝麻菜（*Eruca sativa* Mill.）、遏蓝菜（*Thlaspi arvense* L.）。

第十五节　关于韩国解除中国香蕉穿孔线虫非疫区寄主植物检疫限制的有关事宜

韩国于2010年2月采取禁止进口中国南方三省区香蕉穿孔线虫寄主植物措施后，国家质量监督检验检疫总局会同农业、林业等部门，加大对外交涉力度。近日，韩国国立植物检疫院来函宣布，解除对我国广西、海南、广东（广州、茂名、深圳市除外）香蕉穿孔线虫寄主植物检疫禁令，对于广东省广州、茂名、深圳市寄主植物，同意在我方正式宣布香蕉穿孔线虫疫情铲除后，履行相关解禁程序。有关事宜如下：

（1）高度重视香蕉穿孔线虫问题。香蕉穿孔线虫是韩方重点关注的检疫性有害生物。韩方已解除我非疫区香蕉穿孔线虫寄主植物检疫禁令，但是，韩方仍将对进口中国植物采取加强检疫措施。各局要高度重视，举一反三，采取有效预防措施，确保类似违规事件不再发生。

（2）切实加强植物种植基地监管。各局要严格落实出口植物种苗生产企业注册登记措施，制订实施科学的出口种植基地监管措施，加强企业日常监督与技术指导。除对种植基地的植物、土壤（栽培介质）、水源加强日常疫情监测外，所有进入种植基地的外源植物均须开展针对性的线虫检测，确保种植基地安全卫生。

（3）认真做好输韩植物检疫出证。各局要加强输韩植物检疫，认真核查出口植物的产区及种植基地，抽样送实验室进行香蕉穿孔线虫等针对性检测。出口检疫合格后，出具植物检疫证书，并在植物检疫证书"产地"一栏中作相应标注：产自广东省的，应具体注明地市名称；产自其他省（区、市）的，注明省（区、市）的名称。

（4）开展香蕉穿孔线虫监测调查。各局要将香蕉穿孔线虫疫情列入外来有害生物

进出境种苗花卉检验检疫与标准化建设
The entry-exit inspection, quarantine and standardization
construction of seed，nursery stock and flowers

监测重点项目之一，制定年度监测计划并组织实施。一旦发现香蕉穿孔线虫，应立即暂停相关产地寄主植物出口，及时向总局和地方政府报告，并配合地方农林部门做好疫情封锁、铲除等防控工作。

(5) 强化进境植物种苗检疫。各局要加强对来自香蕉穿孔线虫疫区国家或地区的寄主植物及栽培介质检验检疫，严格按照工作程序进行现场查验、实验室检测和隔离检疫，严防香蕉穿孔线虫传入我国。

二〇一〇年八月二十三日

第十六节　《荷兰花卉种球进境植物检疫要求》

一、法律法规依据

《中华人民共和国进出境动植物检疫法》及其实施条例，《进境植物繁殖材料检疫管理办法》、《中华人民共和国国家质量监督检验检疫总局和荷兰王国农业、自然及食品质量部关于荷兰花卉种球输往中国的植物检疫要求议定书》（2010 年 7 月 20 日签署），《中荷第八次植物检疫双边会谈纪要》（2010 年 10 月）。

二、进境商品名称

百合（*Lilium* sp.）、郁金香（*Tulipa*）种球，以下简称花卉种球。

三、注册出口商等

荷兰检疫部门应对输华花卉种球的出口商、种植者和种植地进行注册，并向中方提供出口商名单。出口商名单可在总局网站上查询。

四、关注的有害生物名单

1. 输华花卉种球不得带有以下中方关注的检疫性有害生物

(1) 短体线虫属非中国种 *Pratylenchus* spp.（即穿刺短体线虫 *P. penetrans*、伤残短体线虫 *P. vulnus*、咖啡短体线虫 *P. coffeae*、艾短体线虫 *P. artemisiae* 和玉

米短体线虫 *P. zeae* 以外的其他种类）

    (2) 毛刺线虫属 *Trichodorus* sp.（传毒种类）

    (3) 菊花滑刃线虫 *Aphelenchoides ritzemabosi*

    (4) 腐烂茎线虫 *Ditylenchus destructor*

    (5) 鳞球茎线虫 *Ditylenchus dipsaci*

    (6) 南芥菜花叶病毒 Arabis mosaic virus（ArMV）

    (7) 番茄环斑病毒 Tomato ringspot virus（ToRSV）

    (8) 烟草环斑病毒 Tobacco ringspot virus（TRSV）

    (9) 草莓潜隐环斑病毒 Strawberry latent ringspot virus（SLRV）

    2. 以下是中方管制的非检疫性有害生物

    (1) 菌核病菌 *Sclerotinia sclerotiorum*（cottony soft rot）

    (2) 百合无症病毒 *Lily symptomless* virus （LSV）

    (3) 穿刺短体线虫 *Pratylenchus penetrans*

    (4) 伤残短体线虫 *Pratylenchus vulnus*

    (5) 咖啡短体线虫 *Pratylenchus coffeae*

菌核病菌感染率不得超过 1%，穿刺、伤残、咖啡短体线虫感染率不得超过 2%。

五、产地及种植要求

    (1) 花卉种球应来源于荷兰，有明确的品种名称，其质量应符合荷兰分级管理体系标准和进出口合同规定。

    (2) 用于繁殖的母本材料应经过健康检测（包括实验室检测与田间症状观察等），不带中方关注的检疫性有害生物。

    (3) 种植过程中，荷方应采取各种预防和监测措施，防止感染有害生物，确保不发生中方关注的检疫性有害生物，其他有害生物的田间发病率不得超过荷方有关规定。

六、包装及标签要求

    (1) 包装材料及栽培介质应干净卫生、未使用过，并符合中国有关植物检疫要求。

    (2) 包装箱上的标签应用中文或英文标明出口商、种植地编码（Lot number）、品种、规格、数量等信息，承载花卉种球的木托盘上标注"输往中华人民共和国"的中文字样。

七、植物检疫证书要求

    (1) 荷兰检疫部门应根据种植期间疫情监测和中方进境疫情截获情况，进行出口前检验检疫。对检疫合格的花卉种球，签发植物检疫证书，并在附加声明中注明："该

进出境种苗花卉检验检疫与标准化建设
The entry-exit inspection, quarantine and standardization
construction of seed, nursery stock and flowers

批百合／郁金香种球符合中国植物检疫要求，不带中方关注的管制性有害生物"。

（2）货物装箱单将作为植物检疫证书的附件，并由荷兰植物检疫部门签字盖章。装箱单包括出口商、种植地编码（Lot number）、品种、规格、数量等信息。

八、进境检疫和违规处理

（1）花卉种球应从质检总局批准的指定口岸入境。

（2）到达入境口岸时，中方检验检疫机构应查验有关审批单、植物检疫证书、装箱单、标签等单证。如有关单证不完整或／和信息不一致，或不是产自荷兰境内的，则相关批次货物不允许进境。

（3）如截获中方关注的检疫性有害生物，则该批货物中来自同一种植地（lot number）的花卉种球将作退运、销毁或除害处理（仅限有有效处理方法的）。

在中方向荷方通报后，将暂停来自相关种植地（lot number）剩余的花卉种球向中国出口。

（4）如发现管制的非检疫性有害生物超过允许水平，中方将采取有关检疫除害处理措施。情况严重的，可采取退运或销毁措施。

（5）如违规情况重复出现，中方将与荷方协商采取进一步措施。

九、隔离检疫要求

口岸检验检疫通过后，进境花卉种球将在批准的地点进行隔离种植，并根据风险情况抽取部分样品实施隔离检疫。如在隔离种植、隔离检疫期间发现中方关注的检疫性有害生物，将对相关花卉采取销毁处理。

第十七节　《进境葡萄苗植物检疫要求》

一、法律法规

《中华人民共和国进出境动植物检疫法》及其实施条例、《进境植物繁殖材料检疫管理办法》、《中华人民共和国国家质量监督检验检疫总局和法兰西共和国农业部关于法国葡萄种苗输华植物检疫要求议定书》、《进境葡萄繁殖材料植物检疫要求》（SN/T1992-2007）等有关规定。

二、允许进境商品名称

进口葡萄接穗、砧木、带根苗等繁殖材料（拉丁名 *Vitis* sp.，简称"葡萄苗"）。

三、关注的有害生物

进口葡萄苗不得带有土壤及中方关注的有害生物（包括检疫性有害生物、限定的非检疫性有害生物）（见附件）。

四、检疫审批及申请材料

(1) 葡萄苗进口企业应提前向中国国家林业局申请办理《引进林木种子、苗木及其它繁殖材料检疫审批单》。

(2) 在葡萄苗进口前一个生长季节，应向中国国家质检总局（简称质检总局）提交以下材料，以便质检总局对外技术协商并安排预检考察、进境后隔离种植地考核等相关事宜。

① 葡萄苗进口计划（包括拟进口葡萄苗品种、类型、输出国家、数量及拟隔离种植地点）；

② 输出国家葡萄苗产区、繁育苗圃清单及相关介绍；

③ 输出国产区葡萄有害生物种类、发生状况及防治措施；

④ 输出国官方植物检疫部门出口葡萄苗检疫监管体系及运作情况。

五、出口企业及要求

境外葡萄苗生产供货企业应在输出国官方植物检疫部门指导下，做好以下疫情防控工作。

(1) 葡萄苗母本繁殖材料应来自输出国官方认可品种选育机构，其健康状况及遗传特性应经过严格筛选。

(2) 葡萄苗生产供货企业、繁育苗圃应申请获得输出国官方植物检疫部门注册登记。

(3) 葡萄苗生产供货企业应定期调查繁育苗圃有害生物发生状况，并做好详细记录；应采取田间有害生物综合防治措施，维持苗圃良好植物卫生状况；应采取隔离措施，预防危险性有害生物传入繁育苗圃。如发现中方关注的检疫性有害生物，或限定非检疫性有害生物发生情况严重，则相关繁育苗圃不能向中国出口葡萄苗。

(4) 输华葡萄苗应健壮、无病症。

(5) 葡萄苗应采用低温冷藏运输。储藏及运输过程，应采取相关防疫措施，防止交叉感染。

（6）葡萄苗应使用新的、干净的、符合植物检疫要求的包装材料，且在外包装上标明葡萄苗类型、品种、规格、数量，以及输出国家、产地、繁育苗圃、生产企业名称等信息。

六、出口国官方检疫要求

输出国官方植物检疫部门应对输华葡萄苗实施出口检疫及监管，具体工作如下：

（1）对输华葡萄苗生产供货企业进行技术指导与监督，考核输华葡萄苗生产供货企业及繁育苗圃，并在出口季节前向质检总局提供考核合格的葡萄苗生产企业、繁育苗圃名单。

（2）向质检总局提供葡萄苗产区有害生物发生、防控、管理等技术资料，以便质检总局评估确定相关产区输华葡萄苗应关注的检疫性有害生物、限定的非检疫性有害生物名单及相应检疫风险管理措施。

（3）出口前，应对输华葡萄种苗实施出口检疫。经检疫合格的，出具植物检疫证书，并在证书附加声明中注明"经检疫，该批葡萄苗来自（生产供货企业、繁育苗圃），符合中国进口葡萄苗植物检疫要求，不带中方关注的有害生物"。如在出口前实施除害处理，应在证书中注明处理方法，如药剂名称、浓度、处理温度、时间等内容。

七、考察及预检

在适当生长季节，质检总局将派植物检疫技术专家对拟进口葡萄苗实施境外田间预检及考察。会同输出国官方植物检疫部门，对输华葡萄苗生产供货企业、繁育苗圃防疫措施进行考核，并对关注的病毒、细菌等病害进行重点检测。

八、进境检疫

（1）葡萄苗应从质检总局批准的指定口岸入境。

（2）进境时，中国出入境检验检疫机构应核查检疫审批单、植物检疫证书等单证，确认是否来自批准的生产供货企业、繁育苗圃。针对已实施境外产地预检考察的进境葡萄苗，重点检查土壤、昆虫、线虫等项目。

①　如发现来自未经批准的生产供货企业、繁育苗圃，该批货物不得入境；

②　如检出中方关注的检疫性有害生物、限定的非检疫性有害生物或土壤，将采取退运、销毁、除害处理（仅限有有效除害处理方法）等措施，并根据情况暂停相关生产供货企业、繁育苗圃，甚至产区或输出国的出口资格。

九、隔离种植及检疫监管

(1) 进境检疫合格后，葡萄苗应在检验检疫机构等考核批准的种植基地至少隔离种植两个生长季节。进口相关企业应在检验检疫机构等的指导和监管下，开展疫情调查、监测、防控、铲除措施，建立档案，并做好记录。

(2) 出入境检验检疫机构对进口葡萄种苗进口、接卸、运输、隔离检疫、隔离种植等实施检验检疫监管，并在进境口岸、种植基地及周边地区开展植物疫情监测与调查，发现重大疫情，应立即启动《进出境重大植物疫情应急处置预案》，做好应急处置和信息上报工作。

附　件：

进境葡萄苗中方关注的有害生物名单

一、检疫性有害生物

1. 葡萄根瘤蚜 *Viteus vitifoliae*
2. 葡萄带叶蝉 *Scaphoideus titanus*
3. 长针线虫（传毒种类）*Longidorus* spp.
4. 剑线虫（传毒种类）*Xiphinema* spp.
5. 根结线虫 *Meloidogy* spp.
6. 拟毛刺线虫 *Paratrichodorus* spp.
7. 短体线虫 *Pratylenchus* spp.
8. 毛刺线虫 *Trichodorus* spp.
9. 柑橘半穿刺线虫 *Tylenchulus semipenetrans*
10. 葡萄藤猝倒病菌 *Eutypa lata* (Pers.) Tul. etc. Tul
11. 黄萎病菌 *Verticillium dahlia*
12. 葡萄金黄色植原体 Grapevine flavescence doree phytoplasma
13. 葡萄黑木病 Grapevine bois noir phytoplasma
14. 葡萄皮尔斯氏病 Xylella fastidiosa
15. 葡萄细菌性疫病 Xylophilus ampelinus
16. 南芥菜花叶病毒 Arabis mosaic virus
17. 番茄环斑病毒 Tomato ring spot virus

18. 烟草环斑病毒 Tobacco ring spot virus

19. 桃丛簇花叶病毒 Peach rosette mosaic virus

20. 菊芋意大利潜隐病毒 Artichoke Italian latent virus

21. 葡萄斑点病毒 Grapevine fleck virus

22. 藜草花叶病毒 Sowbane mosaic virus

23. 草莓潜隐环斑病毒 Strawberry latent ringspot virus

24. 番茄黑环病毒 Tomato black ring virus

25. 悬钩子环斑病毒 Raspberry ringspot virus

26. 澳大利亚葡萄类病毒 Australian grapevine viroid

27. 葡萄黄斑类病毒 1 号 Grapevine yellow speckle viroid-1 （GYSVd-1）

28. 葡萄黄斑类病毒 2 号 Grapevine yellow speckle viroid -2 （GYSVd-2）

29. 柑橘裂皮类病毒 Citrus exocortis viroid （CEVd-g）

30. 酒花矮化类病毒 Hop stunt viroid （HSVd-g）

31. 澳大利亚葡萄黄化病 Australian grapevine yellows

二、限定的非检疫性有害生物

1. 葡萄扇叶病毒 Grapevine fan leaf virus

2. 葡萄卷叶相关病毒 1、2、3、4、5、6、7、8、9
   Grapevine leaf roll associated virus 1、2、3、4、5、6、7、8、9

3. 葡萄皱木综合症 Rugose wood complex

4. 葡萄根癌细菌 *Agrobacterium tumefaciens*

5. 葡萄生小隐孢壳 *Cryptosporella viticola*

6. 围小丛壳 *Glomerella cingulata* （Stoneman） Sqaulding et Schrenk

7. 葡萄球座菌 *Guignardia bidwellii* （Ell.） Viala et Ravaz

8. 葡萄生单轴霉 *Plasmopara viticola* （Berk. Et Curt.） Berl et de Toni

9. 葡萄痂圆孢 *Sphaceloma ampelinum* de Bary

10. 葡萄钩丝壳 *Uncinula necato* （Schw.） Burr.

（上述名单将根据输出国家或地区及具体产区疫情发生情况，在风险评估基础上，进行动态增减调整）

第十八节 《智利百合种球进境植物检疫要求》

一、法律法规依据

《中华人民共和国进出境动植物检疫法》及其实施条例,《进境植物繁殖材料检疫管理办法》、《中华人民共和国国家质量监督检验检疫总局和智利共和国农业部关于智利百合种球输往中国植物检疫要求议定书》(2010 年 9 月 10 日签署)。

二、进境商品名称

百合(*Lilium* L.)鳞球茎,以下简称百合。

三、注册登记要求

智利检疫部门应对输华百合出口商和种植地进行注册,并向中方提供注册名单,名单可在总局网站上查询。

四、有害生物名单

(1) 输华百合不得带有以下中方关注的检疫性有害生物:穿刺根腐线虫 *Pratylenchus penetrans*,刻痕短体线虫 *Pratylenchus crenatus*,短体线虫非中国种(*Pratylenchus* sp non-Chinese species),毛刺线虫属(传毒种类,如原始毛刺线虫、具毒毛刺线虫)*Trichodorus* sp. (the species transmitted virus, e.g. T. primitivus , *T. viruliferus*) ,南芥菜花叶病毒 Arabis mosaic virus (ArMV),烟草环斑病毒 Tobacco ringspot virus (TRSV),番茄环斑病毒 Tomato ringspot virus (ToRSV) 。

(2) 限定的非检疫性有害生物:菌核病菌 *Sclerotinia sclerotiorum* (cottony soft rot),百合无症病毒 Lily symptomless virus (LSV) 。

五、产地及种植要求

(1) 花卉种球应来源于智利,其质量应符合智利分级管理体系标准和进出口合同规定。

(2) 百合应通过脱毒苗繁育而来,有明确的品种名称。在繁殖之前,脱毒苗须经实验室检测,确认无中方关注的有害生物。

(3) 百合繁殖过程中,智方应采取各种预防和监测措施,防止感染有害生物。百

进出境种苗花卉检验检疫与标准化建设
The entry-exit inspection, quarantine and standardization
construction of seed, nursery stock and flowers

合应在无检疫性有害生物和传毒线虫地块生长。生长期间病毒引起的花叶症状病株发病率在 0.5% 以下。

六、包装及标签要求

(1) 包装材料及栽培介质应干净卫生、未使用过，并符合中国有关植物检疫要求。

(2) 包装箱上应用英文标明产地、生产商、规格、品种、包装日期等信息，每个包装箱应标注"输往中华人民共和国"的英文字样。

七、植物检疫证书要求

出口前，智方应按每批 400 个百合的比例进行抽样检测，如发现中方关注的检疫性有害生物，则该批百合不得输往中国。对检疫合格的百合，签发植物检疫证书，注明生产商和种植地编号，并在附加声明中注明："该批百合符合中国植物检疫要求，不带中方关注的检疫性有害生物"（This batch of lily bulbs meet with the phytosanitary requirements of China and do not carry any quarantine pest concerned by China）。集装箱号码和封识号必须在植物检疫证书中注明。

八、进境检疫和违规处理

(1) 花卉种球应从质检总局批准的指定口岸入境。

(2) 到达入境口岸时，中方检验检疫机构应查验有关审批单、植物检疫证书、标签等单证。如有关单证不完整或信息不一致，则该批货物不允许进境。

(3) 如发现来自未经批准的生产商和种植地，则该批百合不准进境。

(4) 如发现中方关注的有害生物，或者带有大量病害腐烂鳞茎或活虫，则该批百合将被退运、销毁、除害处理等措施。

(5) 针对严重违规情况可采取暂停生产商、种植地等措施。

(6) 中方将向智方及时通报上述违规情况。

九、隔离检疫要求

口岸检验检疫通过后，进境花卉种球将在批准的地点进行隔离种植，并根据风险情况抽取部分样品实施隔离检疫。如在隔离种植、隔离检疫期间发现中方关注的检疫性有害生物，相关花卉种球将作销毁处理。

第十九节 国家质量监督检验检疫总局关于做好供港澳鲜切花检验检疫工作有关事项的通知

一、基本要求

供港澳鲜切花（指新鲜的切花、切枝、切叶及相关制品）不得带有土壤及活体检疫性有害生物，符合港澳及内地花卉安全卫生质量要求。

二、供货企业要求

(1) 供港澳鲜切花生产经营企业，原则上需首先获得所在地直属检验检疫局注册登记资格。鼓励供港澳鲜切花原料来自注册登记的花卉种植基地；针对花卉种植基地无法实施注册登记的，应来自出境口岸附近的注册加工配送企业，并加强溯源管理。

(2) 供港澳鲜切花加工配送企业注册登记要求：①在出境口岸附近有加工配送场所；②加工配送场所与周围环境具有隔离屏障，场区整洁卫生，具备与经营业务量相适应的储存、加工、防疫能力，配备必要的除害处理设施；③加工配送企业具备完善的质量安全管理体系，包括鲜切花来源选购、加工、包装、贮存、配送等相关环节疫情防控措施、应急处置措施及花农等从业人员管理规范，建立鲜切花原料进货及产品销售台账，详细记录溯源信息，并至少保留 2 年；④加工配送企业应配备专职或兼职质检员，负责鲜切花质量安全管理体系及相关防疫措施的落实，包括原料验收、疫情抽查及产品质量自检。

(3) 各局应将注册企业名单报送总局备案。注册登记其他要求按总局相关规定执行。

三、风险分类管理

各局结合供港澳鲜切花生产经营管理状况、鲜切花种类及产地、疫情监测等综合因素，对供港澳鲜切花实施风险分类管理，确定相应等级的日常监管频次和出口前抽查比例。

四、日常监管及年度审核

各局对供港澳鲜切花加工配送等企业实施日常监管和年度审核制度。日常监管内容包括厂区环境卫生情况、加工和包装设施运行情况、质量安全管理体系及相关防疫措施落实情况、进出货台账、自检结果及记录等是否符合要求。年度审核内容包括境外反馈的出口产品质量状况以及对日常监管内容的年度评价等。

五、出口检验检疫及出证

各局结合日常监管情况、出口前抽查结果对供港澳鲜切花进行检验检疫结果判定。判定合格的，准予出口，并根据港澳地区官方要求出具植物检疫证书。

判定不合格的，不得出口。检验检疫机构对该生产经营企业同一产地、同一种类鲜切花至少连续3批实施批批检查，3批检验检疫全部合格后，方可按正常比例实施检验检疫监管。如继续发现不合格，则暂停该生产经营企业鲜切花出口，查明原因并采取有效整改措施后，方可恢复出口。

六、信息通报

针对产地检疫、口岸查验放行的供港澳鲜切花，出境口岸检验检疫机构应按规定比例随机核查货证，发现异常情况的，应及时将有关情况反馈产地检验检疫机构。口岸检验检疫机构应加强与港澳相关机构的合作交流，加大信息通报与协调工作力度。

二〇一一年十一月二十二日

第二十节　中国观赏植物输往新加坡植物检疫要求 (2012)

一、产品范围

种植的观赏植物，用于种植的植物活体部分（如种子、球茎和切枝）。不包括鲜切花。

二、一般要求

（1）各地检验检疫机构应对输新植物种植企业进行注册登记和监管，并将最新注册名单提供 AQSIQ，以便在网上公布。

（2）输新植物应符合新加坡进境植物检疫要求，不带新方关注的限定性有害生物（附后）。

三、种植企业注册登记要求

（1）人员要求。具有植物检疫知识和技术能力的专业人员。

（2）设施要求。良好的灌溉、排水和废弃物处理系统；适当的农用化学品和设备存储设施；原材料和最终产品分开存放场所；健康、无病虫害的繁殖材料；适当的检疫除害处理设施和能力。

（3）管理要求。建立质量管理体系；清晰的管理结构；系统的有害生物防治措施，例如有害生物综合管理；植物栽培良好的农业操作，科学施肥以保持植物的健康和质量。

（4）溯源要求。建立文件核查系统和工作记录；建立追溯系统，确保货物在国内和国际上的流动情况得到记录和跟踪。

四、货物标签要求

输新植物须用中英文标明植物品种、产地、生产企业名称和地址、包装时间等信息。

五、出口前检疫和证书

（1）出口前，检验检疫机构对出口货物进行随机检查和抽样。如发现活虫或新方关注的限定性有害生物，有检疫处理措施的实施检疫处理，无检疫处理措施的不准输往新加坡。

（2）经检疫合格的货物，按相关规定和要求出具植物检疫证书，并在证书附加声明中用英文注明："Plants sourced from Registered Enterprise No. …….."（该批货物来自注册企业编号）。如在出口前经过检疫处理，应在植物检疫证书中注明处理信息。

六、入境检查

（1）新方将在入境口岸对进境植物进行检验，对来自注册企业的植物给予便利通关措施。

（2）如发现限定性有害生物，新方将对该批货物作除害处理、销毁或退运处理。

七、注册企业监管

（1）检验检疫机构应每年不少于 2 次对注册种植企业进行检查，以确保符合注册

进出境种苗花卉检验检疫与标准化建设
The entry-exit inspection, quarantine and standardization
construction of seed, nursery stock and flowers

登记要求。

（2）针对进出境检疫发现的违规情况，注册企业应在检验检疫机构指导下采取改进措施。如多次违规，检验检疫机构可采取限期整改、暂停出口、取消注册资格等限制措施。

附 件：

新加坡限定的有害生物名单（2012）
LIST OF REGULATED PESTS OF SINGAPORE

（注：以新加坡最新公布的名单为准）

一、检疫性有害生物 QUARANTINE PESTS		
	Name of Pest	Common Name
	Bacteria	
1	*Curtobacteriumflaccumfaciens*	Bean wilt
2	*Clavibactermichiganensis* sub. sp. *nebraskense*	Leaf freckles and wilt
3	*Clavibactermichiganensis* sub. sp. *Sepedonicum*	Bacteria ring rot
4	*Pseudomonas syringae* pv. *garcae*	Coffee halo blight, Twight blight
5	*Pseudomonas syringae*	Leaf spot/blight
6	*Xanthomonasampelina*	Bacterial blight (grapes)
7	*Xanthomonascampestris* pv. *cassavae*	Cassava bacterial necrosis
8	*Xanthomonascampestris* pv. *phaseoli*	Common bacterial blight
	Fungi	
9	*Aecidium cantensis*	Deforming rust

10	*Angiosorussolani* (*Thecophorasolani*)	Potato smut
11	*Ascochytagossypii* (*A. phaseolorum*)	Ascochyta blight
12	*Cercosporaelaeidis*	Freckle
13	*Claviceps gigantean*	Ergot, Horse's tooth
14	*Cochlioboluscarbonum* (*Drechslerazeicola*)	Charred ear mould
15	*Colletotrichumcoffeanum*	Coffee berry disease
16	*Crinipellisperniciosa* (*Marasmiusperniciosus*)	Witches broom
17	*Cryptosporellaeugeniae*	Dieback
18	*Deuterophomatracheiphila* (*Phomatracheiphila*)	Mal secco
19	*Diaporthephaseolorum* var. *caulivora*	Stem canker
20	*Erysiphepolygoni*	Powdery mildew
21	*Fusariumoxysporumf* sp. *elaeidis*	Fusarium wilt
22	*Fusariumxylarioides* (*Gibberellaxylarioides*)	Tracheomycosis
23	*Hemileiacoffeicola*	Rust (powdery, grey rust)
24	*Marasmielluscocophilus*	Lethal bole rot
25	*Microcyclusulei*	South American Leaf Blight
26	*Moniliophthoraroreri* (*moniliaroreri*)	Pod rot, watery pod rot
27	*Mycenacitricolor* (*Omphaliaflavida*)	American leaf spot
28	*Mycosphaerellafijiensis* var. *difformis*	Black sigatoka
29	*Peronosporatabacina*	Blue mould
30	*Phaeolusmanihotis*	Root rot
31	*Phomaexiguavarfourata* (*P. exigua* var. *exigua*)	Gangrene
32	*Phomopsisthea*	Stem canker
33	*Phymatotrichopsisomnivorum*	Texas root rot
34	*Polyscytaliumpustulans* (*Oosporapustulans*)	Skin spot
35	*Pucciniapittieriana*	Common rust

36	*Pucciniapsidii*	Guava rust
37	*Sphacelomaarachidis*	Scab
38	*Sphacelomamanihoticola*	Super elongation
39	*Synchytriumendobioticum*	Black wart, black scab
40	*Trachysphaerafructigena*	Trachysphaera pod rot
41	*Verticilliumalbo-atrum*	Verticillium wilt
42	*Verticilliumdahliae*	Verticillium wilt
	Insects	
43	*Acanthosellidesobtectus*	Bean bruchid
44	*Anastrepha oblique*	West Indian fruit fly
45	*Anastrephafraterculus*	South American fruit fly
46	*Anastrephaludens*	Mexican fruit fly
47	*Anastrepha* spp.	Fruit fly
48	*Antestiopsis* spp.	Antestia bug
49	*Anthomomusvestitus*	Peruvian cotton boll weevil
50	*Anthomomusgrandis*	Mexican cotton boll weevil
51	*Aonidomytilusalbus*	Cassava scale
52	*Bactroceratryoni*	Queenslanf fruit fly
53	*Bathycoellathalassina*	Cocoa bug
54	*Bruchuspisorum*	Pea pod weevil
55	*Caliothripsmasculinus*	Thrips
56	*Ceratitisrosa*	Natal fruit fly
57	*Ceratitiscapitata*	Mediterranean fruit fly
58	*Chaetanaphotripsorchidii*	Banana rust thrip
59	*Chrysomphaolusaonidium*	Florida red scale
60	*Coelaenomenoderaelaedis*	Leaf miner
61	*Diatreaabbreviatus*	Sugarcane root stalk borer

62	*Distantiellatheobroma*	Cocoa capsid
63	*Epilachnavarivestis*	Mexican bean beetle
64	*Euscepespostfaciatus*	West Indian sweet potato wevil
65	*Helopeltisbergrothi*	Helopeltis bug
66	*Hercinothripbicinctus*	Banana thrip
67	*Hypsipylarobusta*	Stem borer
68	*Rynchophorusphoenicis*	African palm weevil
69	*Leguminivoraglycinivorella*	Soybean pod borer
70	*Leptinotarsadecemilineata*	Colorado potato beetle
71	*Leptopharsaheveae*	Lace bug
72	*Leptopharsagibbicarina*	Lace bug
73	*Leucopteracoffeella*	Coffee leaf miner
74	*Lissorhoptrusoryzephilus*	Rice water weevil
75	*Melittommainsulare*	Wood borer
76	*Noordaalbizonalis*	Red banded caterpillar
77	*Oryctes boas（= O.monoceros）*	Rhinoceros beetle
78	*Pachymeruslacerdae*	Kernel borer
79	*Pachymerusnucleorum*	Kernel borer
80	*Pimelephilaghesquierii*	Palm moth
81	*Planococcuskenyae*	Kenya mealy bug
82	*Prostephanustruncatus*	Large grain borer
83	*Pseudotheraptuswayi*	Coreid bug
84	*Quadraspidiotusperniciosus*	San Jose scale
85	*Rhynchophoruspalmarum*	South American palm weevil
86	*Sacadodespyralis*	False pink boll worm
87	*Sahlbergellasingularis*	Cocoa capsid
88	*Sesamiacretica*	Durra/sorghum stalk borer

89	*Sophronicaventrallis*	Berry borer
90	*Stenomadecora*	Cocoa shoot
91	*Trogodermagranarium*	Khapra beetle
92	*Xyleborusferrugineus*	Black twig borer
	Mites	
93	*Aceriaguerreronis* (=*Eryophyesguerreronis*)	Coconut mite
94	*Mononychellustanajoa* (=*Ononychelietanajoe*)	Cassava green mite
95	*Oligonychusperuvianus* (=*Homonychusperuvians*)	Cassava mite
	Phytoplasmas	
96	*Phytoplasma of apple*	Flat limb
97	*Phytoplasma of banana*	Cameroon marbling disease
98	*Phytoplasma of cassava*	Witches broom
99	*Phytoplasma of coconut*	Lethal yellowing/Coconut Awka diseases
100	*Phytoplasma of grape*	Grapevine Flavescencedoree
101	*Phytoplasma of grape*	Pierce's disease (=Xylellafastidiosa)
102	*Phytoplasma of oil palm*	Leaf mottle
103	*Phytoplasma of papaya*	Papaya bunchy top
104	*Phytomonasstaheli*	Sudden wither
105	*Phytomonassp*	Maize leaf blight/Leaf scald
106	*Spiroplasmacitri*	Stubborn disease
107	*Spiroplasmakunkelii*	Corn stunt/Grassy root
	Nematodes	
108	*Anguinaagrostis*	Bentgrass nematode
109	*Anguinagraminis*	Leaf gall nematode
110	*Anguinatritici*	Wheat or seed gall nematode
111	*Aphasmatylenchusstraturatus*	Lance nematode of pea
112	*Aphelenchoidesarachidis*	Testa nematode

113	*Aphelenchoidesblastophorus*	Stem and bulb nematode
114	*Aphelenchoidesfragariae*	Strawberry, bud or foliar nematode
115	*Aphelenchoideslilium*	Bud nematode
116	*Bursaphelenchuslignicolus*	Pinewood nematode
117	*Ditylenchus destructor*	Potato rot nematode
118	*Ditylenchusmyceliophagus*	Mushroom spawn nematode
119	*Globoderapallida*	Potato cyst nematode
120	*Globoderarostochiensis*	Golden cyst nematode, potato cyst nematode
121	*Hemicycliophoraarenaria*	Sheath nematode
122	*Heteroderaavenae*	Cereal cyst nematode
123	*Heterodera cacti*	Cactus cyst nematode
124	*Heteroderacajani*	Pigeon pea cyst nematode
125	*Heteroderacarrotae*	Carrot cyst nematode
126	*Heteroderacruciferae*	Brassica root nematode
127	*Heteroderacyperi*	Nutgrass/Sedge cyst nematode
128	*Heteroderafici*	Fig cyst nematode
129	*Heteroderageottingiana*	Pea cyst nematode
130	*Heteroderalongicaudata*	Wheat cyst nematode
131	*Heteroderaoryzicola*	Rice cyst nematode
132	*Heteroderasacchari*	Sugarcane cyst nematode
133	*Heteroderaschactii*	Sugar beet cyst nematode
134	*Heteroderasorghi*	Sorghum cyst nematode
135	*Heteroderavignae*	Pea cyst nematode
136	*Heteroderazeae*	Corn cyst nematode
137	*Hirschmanniellamiticausa*	Taro nematode
138	*Hirschmanniellaspinicaudata*	Rice root tip nematode
139	*Hoplolaimuscolumbus*	Columbia nematode

进出境种苗花卉检验检疫与标准化建设
The entry-exit inspection, quarantine and standardization
construction of seed, nursery stock and flowers

140	*Hoplolaimusindicus*	Lance nematode
141	*Hoplolaimuspararobustus*	Lance nematode
142	*Longidorusattenuatus*	Needle nematode
143	*Macroposthoniaxenoplex*	Ring nematode
144	*Meloidogyneafricana*	Root knot nematode
145	*Meloidogynebaurensis*	Root knot nematode
146	*Meloidogynebrevicauda*	Tea root knot nematode
147	*Meloidogynechitwoodi*	Columbia root knot nematode
148	*Meloidogynecoffeicola*	Root knot nematode
149	*Meloidogynedecalineata*	Root knot nematode
150	*Meloidogyneexigua*	Coffee root knot nematode
151	*Meloidogynegraminis*	Root knot nematode
152	*Meloidogyneindica*	Root knot nematode
153	*Meloidogyneinornata*	Brazilian root knot nematode
154	*Meloidogynemali*	Apple root knot nematode
155	*Meloidogynemegadora*	Root knot nematode
156	*Meloidogynenaasi*	Cereal root knot nematode
157	*Meloidogyneoteifae*	Root knot nematode
158	*Merliniusbrevidens*	Stunt nematode
159	*Nacobbusaberrans*	False root knot
160	*Pratylenchusfallax*	Lesion nematode
161	*Pratylenchusneglectus*	California root − Lesion nematode
162	*Pratylenchusthornei*	Thorne's root − Lesion nematode
163	*Pratylenchuszeae*	Corn root − Lesion nematode
164	*Punctoderapunctata*	Grass cyst nematode
165	*Rhadinaphelenchuscocophilus* (=*Bursaphelenchuscocophilus*)	Red ring nematode
166	*Scutellonemabradys*	Yam nematode

167	*Trichodorusviruliferus*	Stubby root nematode
168	*Xiphinema index*	Dagger nematode
	Viruses	
169	African cassava mosaic virus	
170	Anthocyanosis of cotton	
171	Arabis mosaic virus	
172	Artichoke Italian latent virus	
173	Blister spot virus of coffee	
174	Brown streak virus of papaya	
175	Grapevine corky bark associated virus	
176	Rice dwarf virus	
177	Dwarf virus of sugarcane	
178	Sweet potato yellow dwarf virus	
179	Grapevine fanleaf virus	
180	Rice hojablanca virus	
181	Grapevine chrome mosaic virus	
182	Sweet potato feathery mottle virus	
183	Cotton leaf curl virus	
184	Leaf mosaic virus of cotton	
185	Leaf mottle virus of cotton	
186	Grapevine leafroll-associated virus	
187	Leaf virus of grape	
188	Marginal chlorosis virus of groundnut	
189	Mosaic virus of maize	
190	Papaya mosaic virus	
191	Mosaic virus of rubber	
192	Mosaic virus of sweet potato	
193	Peanut stunt virus of maize	

194	Phloem necrosis virus of tea	
195	Peach rosette mosaic virus of grape	
196	Rayadofino virus of tea	
197	Cacao swollen shoot virus	
198	Rice transitory yellowing virus	
199	Rice yellow mottle virus	
200	Ringspot virus of soybean	
201	Rupestris stem pitting-associated virus	
202	Stenosis, small leaf of cotton	
203	Stunt virus of maize	
204	Maize streak virus	
205	Waialua disease of papaya	
206	Wrinkled stunt and witches broom virus of rice	
207	Tomato spotted wilt virus	
208	Yellow vein banding virus of cocoa	
	Disease of Unknown Etiology	
209	Coconut awka	
210	Coconut bristle tip	
211	Coconut wilt	
212	Cassava frog's skin	
213	Coconut head droop	
214	Coconut kerala wilt	
215	*Coconut leaf mottle*	
216	Coconut leaf scorch	
217	Coconut little leaf	
218	Coconut thatipaka wilt	
219	Mango malformation	

220	Cotton Terminal Stunt Graft Transmissible Pathogen	
	Weeds	
221	*Rottboellia* spp.	Itchgrass
222	*Striga* spp.	Witchweed

二、限定的非检疫性有害生物 NON – QUARANTINE PESTS

	Name of Pest	Common Name
	Fungi	
1	*Cochlioboluseragrotidis*	Leaf spot
2	*Coleosporiumplumeri*	Rust
3	*Cylindrocladiumspathiphylli*	Root rot
4	*Fusariumoxysporum*	Fusarium wilt
5	*Ganodermaboninense*	Basal stem rot
6	*Marasmiusinoderma*	Root rot
7	*Rhizoctoniasolani* (=*Thanatephoruscucumeris*)	Stem and collar rot, seedling root rot, damping off
8	*Sclerotiumrolfsii*	Southern blight/wilt, crown and root rot, stem cankers
9	*Ustulinazonata*	Charcoal stump rot
	Insects	
10	*Bemisiatabaci*	White fly
11	*Brontispalongi ssima*	Hispid beetle
12	*Contariniamaculipennis*	Blossom midge
13	*Maconellicoccushirsutus*	Hibiscus mealy bug
14	*Neolithocolletispentadesma*	Leaf miner
15	*Oryctes rhinoceros*	Rhinoceros beetle
16	*Plesispareichei*	Coconut leaf beetle
17	*Quadrastichus* spp.	Gall wasps

18	*Rhesala* spp.	Raintree webworm
19	*Thripspalmi*	Melon thrip
	Nematodes	
20	*Discocriconemella* spp.	Ring nematode
21	*Hemicycliophora* spp.	Sheath nematode
22	*Meloidogynearenaria*	Peanut root knot nematode
23	*Meloidogynegraminicola*	Rice root knot nematode
24	*Meloigogynehapla*	Northern root knot nematode
25	*Pratylenchusbrachyurus*	Lesion nematode
26	*Pratylenchuspenetrans*	Lesion nematode
27	*Pratylenchuspratensis*	Lesion nematode
	Weeds	
28	*Cuscuta* spp.	Dodders

第二十一节 输欧盆栽植物检疫规程

一、范围

本标准规定了输欧盆栽植物从种植到出口全过程中检疫工作程序与要求。

本标准适用于输欧盆栽植物的检疫。

二、规范性引用文件

下列文件对于本文件的应用是必不可少的。凡是注日期的引用文件，仅所注日期的版本适用于本文件。凡是不注日期的引用文件，其最新版本（包括所有的修改单）适用于本文件。

IPPC ISPM No.05 植物检疫术语表

Council Directive 2000/29/EC 欧盟理事会指令 关于防止危害植物或植物产品的有害生物传入欧共体并预防在欧共体境内扩散的保护性措施（2010 年版，修订内容截止到 2010 年 1 月 8 日）

COMMISSION DECISION 2008/840/EC 欧盟委员会决议关于防止星天牛［*Anoplophora chinensis*（Forster）］传入欧盟并在欧盟内部扩散的紧急措施及其修订案 2010/380/EC

三、术语和定义

下列术语和定义适用于本文件。

1. 疫区 pest area、非疫区 pest free area 和非疫生产点 pest free place of production

同第 5 号《国际植物检疫措施标准》（IPPC ISPM No.05）《植物检疫术语表》中的定义。

2. 欧盟关注的有害生物 pest concerned by EU

指欧盟官方进境植物检疫时关注的有害生物，包括欧盟理事会指令 2000/29/EC（2010 版）条款中关注的有害生物及附件Ⅰ和附件Ⅱ列明的有害生物。

3. 星天牛 *Anoplophora chinensis*（Forster）

是 *Anoplophora malasiaca*（Forster）和 *Anoplophora chinensis*（Thomson）的唯一修订的科学名。

4. 星天牛寄主植物 host plant of *Anoplophora chinensis*（Forster）

是指欧盟 2008/840/EC 委员会决议《关于防止星天牛 [*Anoplophora chinensis*（Forster）] 传入欧盟并在欧盟内部扩散的紧急措施》第一条 a 款列明的特殊植物，种子除外。

5. 盆栽植物 potted plants

源自非欧洲国家的种植用天然或人工矮化植物，种子除外。

6. 栽培介质 cultural medium

用于栽种植物、维护其生长的有机或无机物质，包括泥炭土、椰糠、珍珠岩、蛭石、火山灰等单类物质或混合物。

7. 检疫批 lot

指来自同一种植基地输往同一国家或地区的同一检疫要求的出境盆栽植物。

四、检疫依据

（1）欧盟及其成员国进境植物检疫要求。

（2）中国法定的出境植物检疫要求。

（3）政府间双边植物检疫协定、协议、备忘录，及中国缔结或者参加的地区性和国际性植保植检组织有关规定，中华人民共和国声明保留的条款除外。

（4）贸易合同、信用证等订明的检验检疫要求。

五、注册登记

1. 检验检疫机构对输欧盆栽植物生产经营企业实施注册登记管理

只有经检验检疫机构考核合格获得输欧盆栽植物注册登记资格的企业，才能从事输欧盆栽植物生产经营业务。注册登记条件和流程按国家局要求执行。注册登记企业信息应及时上报国家局，国家局须将输欧星天牛寄主植物注册登记信息及名录变更情况通报欧盟。

2. 输欧盆栽植物的注册登记特殊要求

种植基地须配备符合出口规模要求的离地至少 50 cm 的台架，须做好欧盟盆栽植物从上盆到出口全过程中的有害生物防控工作。欧盟对具体出口品种有特殊要求的，按欧盟要求执行。

六、日常监管

1. 出口计划审核

出口企业应及时向检检验检疫部门报送敏感高风险品种进苗及出口年度计划，检验检疫机构对企业提交的年度出口计划进行审核，据此制定检疫方案。

2. 植被调查及有害生物监测

检验检疫部门应每年至少调查一次种植基地及邻近区域的植被情况，每年适时对输欧盆栽植物的有害生物监测次数不少于 6 次，对输欧星天牛寄主植物的星天牛专项监测不少于 2 次。监测范围包括种植基地及其领近区域。监测时按品种分别抽取样品检查，当某品种数量不到3000株时，随机抽取300株做肉眼检查，若总数超过3000株，按总数 10% 随机抽样。

3. 根据官方有害生物监测及企业有害生物检查结果采取相应措施

如果在拟出口植物上发现欧盟关注的有害生物，且无有效处理方法的，应及时移除被有害生物感染的植株，对其他相关植物采取有效的预防措施；有有效处理方法的，立即采取有效处理措施。发现欧盟关注的有害生物发生的可疑症状的，应移至隔离棚观察或送实验室检测，进一步确认是否确实发生了欧盟关注的有害生物。如果监测时未发现欧盟关注的有害生物或可疑症状，视情况建议企业采取有害生物的预防措施。

如种植基地发现星天牛或星天牛感染症状，星天牛寄主植物需再隔离种植两年，经检验检疫部门确认合格后才能报检。该信息须上报国家局，由国家局通报欧盟。

4. 动态评价质量管理体系运行的有效性

检验检疫部门应定期或不定期地检查企业溯源体系和各项管理制度落实情况，及各项设施的维护情况，结合官方有害生物监测和企业有害生物检查、出口产品质量等信息，动态评价出口企业质量管理体系运行的有效性。

5. 检疫中发现企业有违规行为的，按国家局相关要求处理。

6. 建立完善的官方溯源管理体系

检验检疫部门须按要求真实记录相关检疫信息,建立起完善的官方溯源管理体系。

需保管的溯源信息有:有效期内的出口企业的注册登记考核材料和日常监管记录,以及与植物检疫证书程序签发有关的记录,如报检单、合同、发票、厂检结果单、检疫原始记录等。

资质类文件按资质有效期要求保管;其余材料保管期一般不得少于两年。所有追溯源信息载体应存放在防霉、防虫、防潮及防火的场所。

七、出口检疫

(一) 企业出口报检

只有经检验检疫机构监管合格的货物才能报检,报检要求根据国家局要求执行。

(二) 查阅溯源信息

检验检疫人员需查阅企业和官方的溯源信息,确定报检的货物是否符合现场施检要求。对溯源不清、未注册或注册资格无效等不符合要求的货物,不实施现场检疫。

(三) 整体情况检查

(1) 主要查看出口货物存放地点周围环境的卫生情况、所用的保湿及包装材料是否符合要求。出口植物包装材料应干净卫生,不得二次使用。

(2) 核对现场备货总体情况,所备货物数量和品种是否与报检信息相符,不得夹杂欧盟禁止输入的品种,及欧盟关注的且无有效处理方法的有害生物。

(四) 样品抽查和取样

1. 样品抽查数量

结合整体检查结果,按出境盆栽植物数量、品种或规格,采用重点检查和随机抽样相结合,抽取代表性样品。

地上部分样品抽样数量:批量在 3000 盆及以下的,每批至少抽查 300 盆,批量不足 300 盆的全部检查,批量在 3000 盆以上的取批量的 10% 检查。

地下部分检查数量:盆景批量在 3000 盆以下的,抽取 20 盆检查;3000 盆以上的,每递增 1000 盆,增加取样 5 盆,不足 1000 盆的按 1000 盆计。每盆抽取 30 ~ 50g 栽培介质及植物根样装于样品袋中,每批共取 1000 ~ 2000g 介质及根样送实验室检验。如出口时不带栽培介质,应结合地上部分抽样同时检查地下部分,并抽取根样。

进出境种苗花卉检验检疫与标准化建设
The entry-exit inspection, quarantine and standardization
construction of seed, nursery stock and flowers

根据现场检疫发现的可疑疫情采取整株抽样。批量少于 30 株的，抽取 1 株带回实验室检验；超过 30 株的抽 2 ～ 6 株送实验室检验。

2. 抽样检查重点

检查盛放植物容器外部：是否有害虫、蛞蝓、螺等软体动物。

检查植株地上部分：用肉眼或放大镜检查树干基部及茎干是否有钻蛀性害虫、蛞蝓、螺及其他软体动物；检查树枝、叶片是否有介壳虫、螨类、蚜虫、蓟马、鳞翅目昆虫和真菌子实体；检查植株有无肿瘤、枯枝、病斑坏死等症状。

地下部分与介质土检查：用手将植株连根拔起脱离花盆，倒置植株，仔细检查植物根部有无病根、烂根、根结或其他被害症状，必要时须清洗根部检查。翻开栽培介质检查是否有地下害虫或其他软体动物及霉变现象。

对星天牛寄主植物现场检查须采取破坏性抽样，抽样比例能确保有 99% 的可信水平检出 1% 的侵染水平。

（五）实验室检验

现场检查发现的昆虫、软体动物等有害生物或疑似被害症状的植株、病枝和根结等，装入指形管或样品袋内，带回实验室进一步检验。

（六）检疫处理与结果评定

出口检疫发现欧盟关注的有害生物且无有效处理方法的，为不合格货物，不予出口；出口检疫未发现欧盟关注的有害生物或发现欧盟关注的有害生物经有效处理且经再次检疫合格的，为合格货物，准予出口。

（七）植物检疫证书签发

检验检疫部门对检疫合格货物签发植物检疫证书。签发证书时，应根据欧盟植检证书最新要求，在植物检疫证书附加申明等栏目中填写与检疫事实相符的内容。检疫有效期 14 天。

（八）外包装信息标注要求

企业应按检验检疫部门要求在出口货物外包装上标注相关溯源信息，如货物名称、数量、企业注册登记号、生产批号等信息。裸装植物应当在植株明显部位或货架上加贴标签、悬挂吊牌等形式标明上述信息。

（九）装箱要求

装运场地为水泥地面，装箱前须检查集装箱是否清洁，视情况做防疫处理。货物封箱后，未经主管部门允许，不得打开。

附录A（资料性附录）

欧盟公布的星天牛寄主植物名单

植株茎干和根茎最大部分直径大于1cm的种植用植物，不含种子，包括：*Acer* spp.（槭属），*Aesculus hippocastanum*（欧洲七叶树），*Alnus* spp.（桤木属），*Betula* spp.（毛桦属），*Carpinus* spp.（鹅耳枥属），*Cirus* spp.（柑橘属），*Cornus* spp.（山茱萸属），*Corylus* spp.（榛属），*Cotoneaster* spp.（栒子属），*Crataegus* spp.（山楂属），*Fagus* spp.（水青冈属），*Lagerstroemia* spp.（紫薇属），*Malus* spp.（苹果属），*Platanus* spp.（悬铃木属），*Populus* spp.（杨属），*Prunus laurocerasus*（月桂樱），*Pyrus* spp.（梨属），*Rosa* spp.（蔷薇属），*Salix* spp.（柳属），*Ulmus* spp.（榆属）。

附录B（资料性附录）

中国输欧星天牛寄主植物检疫证书中官方应申明的信息

根据COMMISSION DECISION 2008/840/EC欧盟委员会决议关于防止星天牛[*Anoplophora chinensis*（Forster）]传入欧盟并在欧盟内部扩散的紧急措施及其修订案2010/380/EU要求，中国输欧星天牛寄主植物在满足欧盟对该出口植物共性要求的前提下，官方还须在植物检疫证书上对以下信息做出申明：

（a）该植物在出口前已经在生产厂家至少种植两年，该生产厂家根据国际植物检疫措施标准在星天牛非疫产地建立：

（i）该生产厂家已在国家植物保护机构注册并监管；

（ii）已经在适当的季节进行每年两次的官方检查，未发现任何星天牛的迹象；

（iii）植物种植在这样一个场所：拥有完全隔绝的物理防护设备以阻止星天牛的

进出境种苗花卉检验检疫与标准化建设
The entry-exit inspection, quarantine and standardization
construction of seed, nursery stock and flowers

传入；

（iv）在即将出口前，货物已接受官方重点在植株根部和茎部的对星天牛的严格检查，这项检查应包括针对性的破坏性抽样。

检查所需的抽样规模应达到这样一种水平：至少能检出1%的侵染率，并达到99%的可信度。

或者

（b）该植物的砧木符合第（b）点要求，嫁接的苗穗符合以下要求：

（i）出口时，嫁接苗穗最大直径不超过1cm；

（ii）嫁接植物已按照第（b）（iv）点进行检查。

（c）该生产厂家的注册号。

附 录 C（资料性附录）

输欧盆栽植物生产经营企业注册登记条件

C.1 企业资质等基本条件

企业具有有效的工商营业执照，组织机构合理，遵守检验检疫法规，没有发生不允许申请注册登记的事项，书面承诺履行出口产品质量第一责任人责任。

C.2 种植基地要求

C.2.1 基地大小及周边环境要求

应具有固定的与出口规模相适应的种植基地和相对固定的小苗繁育基地，种植基地周边环境良好，无遮蔽性植物，无欧盟2000/29/EC附件Ⅰ和附件Ⅱ列明的有害生物侵染源，如锈病（非欧洲种）和星天牛寄主植物。

C.2.2 基地布局要求

植物种植、药剂处理、生产操作（洗根、上盆、移苗、换土、包装等）、栽培介质存放、农资储藏、装运等功能区相对独立、布局合理，符合出口要求。

C.2.3 隔离设施要求

种植基地需配备符合出口规模要求的离地至少50cm的台架。欧盟对具体出口品种有特殊要求的，按欧盟要求执行。

出口星天牛寄主植物的，要求种植基地配备的隔离设施能有效防控星天牛。一般种植区、成虫活动期的操作区以隔离网室或温室作为隔离设施，出入口须设置具有防虫功能的双重门，门关闭状态下与地面没有缝隙或缝隙小能有效防控有害生物。隔离网室用网径大小能有效防控星天牛的防虫网全封闭覆盖，与地面接触固定的网边缘不少于30cm，网室材料应坚固耐用，没有破损。

C.2.4 卫生要求

种植区和操作区内部地面须保持清洁，及时清扫泥土、杂草和植物残体。

C.2.5 生产用水要求

基地具备完善的灌溉设施，灌溉等生产用水来自深井水、自来水或其他干净的水源。

C.2.6 除害处理设施和器具管理要求

常用农药、药械及用具齐全，并储存在固定的场所。

C.2.7 栽培介质要求

须配备符合要求的热处理或药剂浸泡等栽培介质除害处理设施。栽培介质须离地摆放，存放场所干净整洁，并相对独立、密闭。

C.3 有害生物防控要求

C.3.1 植保员管理

企业建立有效的植保员管理制度，配备专职植保员，负责基地有害生物检查、报告和防控等工作。植保员应经检验检疫部门培训，符合植保员岗位要求。

C.3.2 建立相关管理制度

企业应建立有效的有害生物防控制度、农用化学品管理制度、废弃物管理制度。

C.3.3 有害生物防控关键环节

出口用小苗上盆前须仔细检查，确保不带有虫孔、螺壳、虫茧，同时须洗净根部泥土，修剪烂腐根和多余根系，并用药剂处理整株植物，上盆用的栽培介质须经除害处理。

盆栽植物出口前须摆放在离地至少50cm的台架上隔离种植至少两年。星天牛寄主植物出口前必须在隔离网室或温室内连续隔离种植至少两年。

从植物上盆到出口的全过程中，须对栽培介质开展有害生物防控。出口前一般需去除介质，如需携带栽培介质出口，须经有效处理，确保无欧盟关注的有害生物。

C.3.4 有害生物检查与防控

从植物上盆到出口的全过程期间，企业应根据检验检疫部门要求及当地有害生物发生特点，适时开展有害生物检查，检查范围包括种植基地及基地邻近的区域。

出口前，企业须100%检查拟出口的盆栽植物。如出口星天牛寄主植物，在星天牛羽化、产卵期，企业应每日逐株检查种植大棚内星天牛寄主植物星天牛发生情况。检查的重点是：根部、茎基部10cm以内及嫩梢是否有星天牛感染或疑似症状，如羽化的成虫、蛀洞、木屑状虫粪、胶状物、成虫咬食后的痕迹及其他可疑迹象；还须检查栽培介质表面及浅表是否有木屑状虫粪。检查方式不排除破坏性检查。

根据检查结果和检验检疫部门要求，适时采取有害生物防控措施。企业须及时向检验检疫主管部门报告有害生物检查和防控情况。

C.4 企业溯源体系要求

企业应建立完善的溯源管理制度，对输欧盆栽植物实施批次管理，真实记录并保管好从种植到出口过程中形成的溯源信息，确保每一批出口货物有效追溯。

进出境种苗花卉检验检疫与标准化建设
The entry-exit inspection, quarantine and standardization
construction of seed, nursery stock and flowers

　　企业需保管的溯源信息有：检验检疫主管部门颁发的注册登记证书、法人资格证、机构代码证等资质类文件；进货台账、销售台账、种植记录情况、农用化学品使用情况、有害生物检查情况等。

　　资质类文件按证书有效期期限要求保管；其余材料保管不得少于两年。所有溯源信息载体应存放在防霉、防虫、防潮及防火的场所。

C.5 培训要求

　　建立完善的员工培训制度，确保质量管理体系要求落实到位。

07

主要贸易国家和地区进境种苗花卉检验检疫要求

进出境种苗花卉检验检疫与标准化建设

THE ENTRY-EXIT INSPECTION, QUARANTINE AND STANDARDIZATION CONSTRUCTION OF SEED, NURSERY STOCK AND FLOWERS

进出境种苗花卉检验检疫与标准化建设
The entry-exit inspection, quarantine and standardization
construction of seed，nursery stock and flowers

第一节　出境种苗花卉国外技术法规概况

各国出台进口种苗花卉技术法规的原因

由于种苗花卉以下四方面的客观特性，使得有害生物随进口种苗花卉入侵风险非常大。

① 相对无生命的植物产品来说，种苗花卉，携带有害生物的风险大，种类多，尤其携带的钻蛀性有害生物隐蔽性极强，现场检疫难以发现。

② 相对无生命的植物产品来说，种苗花卉的除害处理难度大。

③ 发现有害生物的危害有滞后性。有害生物从入侵、扩散、定殖，到被人们发现并引起关注一般需要很长时间。

④ 有害生物一旦定殖，很难根除，有时即使投入大量的人力、物力和财力。

1845～1852年间在爱尔兰发生的著名的爱尔兰饥荒就是一个血淋淋的案例，造成饥荒的主要因素是爱尔兰的马铃薯因发生马铃薯晚疫病（Potato Late Bright），造成马铃薯腐烂，致使爱尔兰的马铃薯几乎绝收，而马铃薯是当时爱尔兰人的主要粮食来源，于是造成一百余万爱尔兰人死于饥荒的惨剧。

由于各国深刻认识到种苗花卉的进口将影响一国农林业生产和生态环境安全，危及国家经济安全和稳定，因此各国针对进口种苗花卉设置的技术法规最为严格。部分国家甚至设置了比实际需求更为严格的技术贸易壁垒措施，来有效调整本国的经济政策。

第二节　各国进口种苗花卉技术法规共同特点

（1）为确保各国种苗花卉国际贸易的正常开展，一般各国都在遵循依照国际植物检疫措施标准《濒危野生动植物种国际贸易公约》及WTO的通用要求的基础上，通过立法来固定本国进境植物检疫监管要求。且各国将根据进口截获情况、国内外疫情的发生动态，动态调整本国植物检疫措施。

（2）一般各国都禁止土壤和带土植物入境，部分国家如欧盟规定出口盆栽植物允许携带维持植物生存所必需的土壤，但前提条件是不得携带进口国关注的有害生物。部分国家允许植物携带介质进口，但对介质品种及其审批程序都设置了非常严格的限制要求。

（3）一般各国根据本国资源、有害生物发生情况，通过风险分析提出检疫性有害生物名单、禁止输入的种苗花卉名单及来自特殊地区关注植物的特殊检疫要求。一般各国都禁止输入有害生物，尤其是检疫性有害生物入境。并且禁止输入植物疫情流行国家和地区的有关植物、植物产品、装载容器及包装物。至于具体的禁止输入的或关注种苗花卉名单各国会有所不同，但如玉米等主导粮食作物，以及茄科、葫芦科、禾本科、水果及水果类植物容易引起各国的高度关注。

（4）一般各国都实施进口植物产地检疫制度，即植物出口前，要求出口国官方根据进口国或地方政府要求实施检疫监管，检疫监管方式有日常监管、有害生物监测、出口检疫等，只有检疫监管合格的货物才能出口。

（5）一般进口国都要求出口国对检疫合格的种苗花卉出具符合国际标准的官方植物检疫证书，证书附加内容要求依各国要求而异。大部分国家要求出口种苗花卉的植物检疫证书签发日期不得超过出口货物发运前 21 天，否则无效；但欧盟、加拿大、中国香港等要求为 14 天。

（6）很多国家实行进境种苗花卉指定口岸入境的管理模式，只有符合要求的口岸才允许进口种苗花卉。各国对进口植物实施口岸检疫和隔离检疫监管，只有经口岸检疫和隔离检疫监管符合要求的植物才能进入市场正常流转。不符合要求的，进口国一般做出除害处理、退运或者销毁处理，同时将不合格情况通报出口国。

（7）随着信息技术发展，很多国家都建立起植物检疫信息管理系统，详细记录货物报检、通关、检疫处理等检疫监管情况。

第三节 输日种苗花卉植物检疫要求

一、日本主要植物检疫法规简介

日本进境植物检疫的主要法规依据是《日本植物防疫法》和《日本植物防疫法实施规则修正案》。

《日本植物防疫法》于 1996 年做了全面修订，1997 年 4 月 1 日起执行。《日本植物防疫法》全文八章一附则，具体是：总则、国际植物检疫、国内植物检疫、紧急防除、指定有害动植物防除、都道府县的防疫、杂则、处罚。

2011 年 3 月 7 日日本正式颁布了《日本植物防疫法实施规则修正案》，修正案与 1997 年《日本植物防疫法》相比，主要修改如下：

进出境种苗花卉检验检疫与标准化建设
The entry-exit inspection, quarantine and standardization
construction of seed, nursery stock and flowers

（1）有害生物列表从原先否定列表改为肯定列表，有害生物名录更加明确。原法案中只列出《日本非检疫有害生物名录》，但修正案中明确了：具体关注的有害动物509种、有害植物215种，合计724种；风险评估未完成暂定为检疫性有害动物238科、有害植物362属及2个分类群（指所有病毒及所有寄生植物）；评估完成表明不关注的有害动物173种、有害植物5属16种，合计194种。

（2）有害生物名称一改原先日本名音读记载法，改用国际通用的植物学名法。

（3）出于对10种检疫性有害动植物关注，修正案对出口国产地检疫要求进行修订。日本要求出口国官方应在最适时间对日本关注的特定植物上的有害生物进行检查，确保出口种苗花卉不带有日本国关注的有害生物，并且在植物检疫证书的附加声明中应加以说明。其中与中国有关的条款如下：

① 玉米及蜀黍（*Teosinte*）类种子，应关注玉米细菌性枯萎病菌（*Erawinia stewartii*）的发生情况。

② 用于种植的蚕豆和小扁豆（*lentil*）种子，关注的有害生物是蚕豆染色病毒（Broad bean stain virus）和蚕豆真花叶病毒。

③ 用于种植的蚕豆种子，关注的有害生物是蚕豆真花叶病毒（Broad bean true mosaic virus）。

④ *Euonymus europea*（卫矛属植物）、*Ligustrum vulgare*、*Lycium barbarum*（枸杞）及活植物及植物部分（不包括果实和种子）及*Prunus*（李属）植物可繁殖的任一部分，关注的有害生物是：洋李痘疱病毒（Plum pox virus）。

⑤ 用于种植和栽培用的土豆、番茄等茄科植物，不包括种子和水果，关注的有害生物是马铃薯纺锤形块茎类病毒（Potato spindle tuber viroid）。

⑥ 用于种植的西瓜 *watermelon* 和冬瓜（*wax gourd*）及其他瓜类种子，关注西瓜果斑病菌（*Acidovorax avenae* subsp. Citrulli）。

⑦ 用于种植用豌豆（*pea*）种子，关注的有害生物是尖镰包（*Fusarium oxysporum* f. sp. Pisi）。

（4）基于对9种检疫性有害动植物的关注，对日本禁止进口植物名单进行修订。与我国相关条款是：

① 对瓜实蝇的关注（*Bactrocera cucurbitae*），禁止进口中国的葫芦科植物活藤、叶和新鲜果实，菜豆、木豆、豇豆、红辣椒、番茄、茄子、番木瓜，*Hylocereus*，杠果属植物的新鲜果实禁止输往日本。

② 对苹果蠹蛾的关注（*Cydia pomonella*），禁止进口中国杏、樱桃、李、梨、桃、苹果的鲜果实，核桃的新鲜果实和核果排除在外。

③ 对甘薯小象甲（*Cylas formicarius*），禁止进口中国的番薯属植物（*Ipomoea*）牵牛（Phartitis）属植物、打碗花（*Calystegia*）属植物的活藤、叶、块根和地下部分，木薯活块根和其他地下部分。

④ 对西印度小象甲（*Euscepes postfasciatus*）的关注，禁止进口中国的番薯（*Ipomoea*）属植物、牵牛（*Phartitis*）属植物、打碗花（*Calystegia*）属植物的活藤、

叶、块根和地下部分。

⑤ 对橘小实蝇（*Bactrocera dorsalis* species complex）的关注，禁止进口中国的柑橘类、青椒、桃子、苹果、番茄、杧果和番木瓜等果实。

⑥ 对瓜实蝇（*Bactrocera cucurbitae*）的关注，禁止进口中国的黄瓜、甜瓜、南瓜、苦瓜、扁豆、番茄、青椒、茄子、番木瓜及果等。

⑦ 对 *Candidatus Liberibacter* africanus、*Candidatus Liberibacter* americanus、*Candidatus Liberibacter* asiaticus 关注，禁止进口中国的柑橘类植物寄主。

(5) 增加了根据日本风险评估动态结果，要求出口国根据日方要求及时调整检疫监管要求，确保出口种苗花卉符合日本国要求。

二、输日种苗花卉应注意的问题

（一）出口植物种子

由于修订案对出口种子的产地检查有新规定，出口种子生产经营企业应特别注意要主动与检疫部门联系相关栽培期间有害生物检查事宜，确保检验检疫部门能适时开展日方关注的有害生物监测，否则事后无法弥补，导致种子无法顺利出口。

（二）出口杨桐柃木

杨桐柃木等植物切枝，是浙江检验检疫局一个特色输日品种，占浙江检验检疫种苗花卉出口量的 1/2 至 2/3。从出口量看，杨桐柃木等植物切枝也是我国主要的出口种苗花卉品种。杨桐柃木等植物切枝原材料采集于山林中野生资源，极少种植。检疫监管时重点关注是采集、生产、加工、装箱环节及周围环境，是否有日本关注的有害生物或相关的寄主植物。2008 年日本曾在浙江检验检疫局出口的 2 批杨桐、柃木切枝上截获到甘薯小象甲，经调查极有可能是因上海拼箱场地周围种植了甘薯小象甲的寄主植物所致。

（三）传统苗木

我国传统苗木出口日本较少，主要原因是日本植物检疫苛刻，如禁止植物携带介质入境，大大降低了出口植物的成活率及价格优势。

进出境种苗花卉检验检疫与标准化建设
The entry-exit inspection, quarantine and standardization
construction of seed, nursery stock and flowers

第四节　输欧种苗花卉植物检疫要求

一、欧盟主要植物检疫法规简介

欧盟是我国种苗花卉出口的主要贸易地区，欧盟植物检疫法律法规体系完善，其中最主要的植物检疫法规是《关于防止危害植物或植物产品的有害生物传入欧共体并在欧共体境内扩散的保护性措施》（2000/29/EC 指令）。

欧盟植物检疫法规有三大特点：一是欧盟植物检疫体现统一市场特征，即取消内部边界，建立统一的外部边界，欧盟把欧共体外的国家/地区称为第三国，欧盟成员国在制定本国的植物检疫法规时，必须遵循欧共体植物检疫法规要求。二是结合欧盟进境植物检疫截获、国外疫情动态及共同体内有害生物发生情况，欧盟委员会将通过其他配套指令动态对 2000/29/EC 号指令进行补充、修订与勘误，主要有 2001/33/EC、2002/28/EC、2002/36/EC、2002/89/EC、2003/22/EC、806/2003/EC、2003/47/EC、2003/116/EC、2004/31/EC、2004/70/EC、882/2004/EC、2004/102/EC、2005/15/EC、2005/16/EC、2005/77/EC、2006/14/EC、2006/35/EC、2007/41/EC、2008/64/EC、2008/109/EC、《关于防止星天牛 *Anoplophora chinensis*（Forster）传入欧盟并在欧盟内部扩散的紧急措施》（2008/840/EC）、2009/7/EC、2009/118/EC、2009/143/EC、2010/1/EU、修订 2008/840/EC 决议的 2010/380/EU 和 2012/138/EU 决议。三是欧盟植物检疫法规可操作性强，世界上很多国家借鉴欧盟植物检疫法规体系立法经验，来构建本国的法规体系。

《关于防止危害植物或植物产品的有害生物传入欧共体并在欧共体境内扩散的保护性措施》（2000/29/EC 指令）主体部分共 29 条、8 个附件。主体部分全面规定了欧盟成员国防止植物有害生物传入和在欧共体内扩散的措施。内容涉及检疫名录、植物通行证系统、产地检疫和注册登记制度、加强第三国检疫、保护区应用及与植物健康相关的执行机构和人员的管理。

与我国出口种苗花卉相关的 7 个附件：

附件名称	所含部分	部分下的章节及名称
附件 I	A部分（所有欧共体成员禁止输入的有害生物名录）	第一节（欧共体未发生的有害生物名录）
		第二节（欧共体部分国家或地区发生的有害生物名录）
	B部分(欧共体内发生但部分保护区禁止输入的有害生物名录)	不分节

附件名称	所含部分	部分下的章节及名称
附件 II	A部分（欧共体禁止在一些特定植物或植物产品上携带的有害生物）	第一节（欧共体未发生的有害生物）
		第二节（欧共体部分国家或地区发生的有害生物）
	B部分（欧共体内发生但部分保护区禁止输入的有害生物名录）	不分节
附件 III	A部分（所有欧共体成员禁止植物及植物产品名录）	不分节
	B部分（欧共体内发生但部分保护区禁止输入的植物及植物产品名录）	不分节
附件 IV	A部分（所有欧共体成员对输入的一些特殊植物及植物产品的要求）	第一节（来自欧共体外一些特殊植物及植物产品的要求）
		第二节（来自欧共体内的一些特殊植物及植物产品的要求）
	B部分（欧共体内发生但部分保护区对输入的一些特殊植物及植物产品的要求）	
附件 VI	一些特殊植物或植物产品需满足的要求	
附件 VII	证书样本	
附件 VIII	修订清单	

二、输欧植物检疫要求

所有输往欧盟的种苗花卉，都应满足上述 7 个附件中提到的普遍性要求。对于具体出口品种的一些特殊要求或监管建议，分述如下：

（一）输欧裸根苗植物检疫要求

为了更有效地控制裸根苗的有害生物，建议改变传统土壤栽培方式，采用欧盟允许使用的栽培介质进行种植。

（二）输欧组培苗植物检疫要求

目前浙江检验检疫局主要有以下两种方式出口的组培苗：

（1）不需要介质种植，以去琼脂或带琼脂形式直接出口。此种形式出口的组培苗有害生物关键控制点是经母本成苗脱毒建立组培体系的环节、及体系建好后将组培苗投入大规模生产阶段时组培室污染率控制。只要母本组培体系建立好，组培室污染率控制好，有害生物防控风险相对低，适用普遍性要求就可。

（2）脱琼脂后，还需在常规栽培介质中种植一段时间出口的组培苗，有害生物防控风险相对高，其检验检疫监管尺度可参照输欧盆栽植物，有别于盆栽植物的是其种植时间不一定是两年，而是根据出口植物实际规格所需生长期而定。

（三）输欧星天牛寄主植物检疫监管要求

自 2008 年以来，欧盟针对星天牛寄主植物出台了三个禁止措施，对输欧星天牛寄主植物设置了重重技术壁垒措施，直至禁止进口。

（1）2008 年 11 月 7 日，欧盟正式出台了防止星天牛在欧共体扩散的紧急措施，即《on emergency measures to prevent the introduction into and the spread within the community of *Anoplophora chinensis* (Forster)》（2008/840/EC），总体上明确了从第三国输入欧盟星天牛寄主植物要求，规定星天牛寄主植物出口前两年经官方监测、企业有害生物检查或出口前破坏性检测没有发现星天牛及星天牛发生症状才能出口。

（2）现行有效的禁止措施是 2012 年 3 月，欧盟委员会发布实施的《关于防止星天牛传入欧盟紧急措施（2012/138/EU）。此措施中欧盟继续保留了对输欧星天牛寄主极度苛刻的高破坏性检查比例要求，具体如下表：

植株数量	破坏性抽样比例（需剖开的植株数量）
1 ～ 4500	该批规模的 10%
> 4500	450

（3）国家质检总局为了确保中国星天牛寄主植物输欧，专门下达文件《关于做好输欧星天牛寄主植物检疫监管工作的通知》（质检动函〔2012〕113 号），该文明确了输欧星天牛寄主植物检疫监管的具体要求。详见附件 1：《中国输往欧盟星天牛寄

主植物检疫监管要求》（修订版 2012.3)

（四）输欧种子检疫要求

输欧种子检疫除应依据欧盟指令附件中提到的普遍性要求外，还应特别关注欧盟是否允许该类种子进口、对进口种子是否有产地检疫和特别关注的有害生物。目前浙江检验检疫局输欧种子极少，主要是水稻种子。输欧水稻种子应关注水稻干尖线虫的检疫，出口前种子要求进行水浴处理杀灭水稻干尖线虫。可选用的水浴方法如下：先将稻种在冷水中预浸 24 小时，然后放在 45 ～ 47℃温水中浸 5 分钟升温，再放在 52 ～ 54℃温水中浸 10 分钟，取出冷却干燥即可。

第五节　美国进境种苗花卉植物检疫要求

一、美国主要植物检疫法规简介

美国植物检疫相关的法规有：《植物检疫法》、《有害杂草法》、《联邦种子法》、《濒危物种法》等。在上述法规中，明确了检疫物名录、许可证要求、禁止进境物名录及具体植物的检疫要求，相对于欧盟，美国植物检疫要求更加苛刻。

1999 年前，浙江检验检疫局辖区有少量的苗木如紫薇出口美国，但近几年来，随着美国对进口种苗设置技术壁垒增多，目前浙江检验检疫局辖区向美国出口的种苗花卉，全部是低风险的组培苗。

二、美国植物检疫要求

（一）禁止输入美国的种苗花卉名录

根据名录要求，下列来自除加拿大外的所有国家的种苗花卉禁止输入美国，科研、试验等输入须获得特别许可。

(1) 杜鹃花属（*Rhododendron* spp.）或类似具有缓慢生长习性的属或种，而非人工矮化树或灌木；包括由种子或切枝繁殖，超过 3 年的；由压条或嫁接繁殖，与亲本株分离 2 年以上的；由芽接或嫁接繁殖，3 年以上的。

进出境种苗花卉检验检疫与标准化建设
The entry-exit inspection, quarantine and standardization
construction of seed，nursery stock and flowers

（2）土表以上长度超过 305 ㎜的任何自然矮化或小型树或灌木。

（3）草本多年生植物（附生植物除外），根冠（或丛）直径超过 102 ㎜。

（4）直径超过 102 ㎜或长度超过 1.83m 的不带叶、根、芽、枝的茎插条（而非仙人掌和附生植物的茎插条）；直径超过 102 ㎜或长度超过 1.83m 的不带叶、根、芽、枝的草或不带气生根的茎插条。

（5）直径超过 153 ㎜或长度超过 1.22m 的仙人掌切茎（不带根和枝）。

（6）土表（由空气压繁殖的植物根区顶端）至最远端生长点的长度超过 460 ㎜，生长习性类似对树木及灌木的木本习性植物（非指茎插条，仙人掌切茎，人工矮化植物如盆景及棕榈和生长习性类似棕榈的植物），包括但不限于仙人掌、苏铁科植物、丝兰属植物和龙血树属植物。

（7）棕榈及总长度（茎和叶）超过 36 英寸*，生长习性类似于棕榈的植物。

（8）上述未列出的树木或灌木，包括由种子或切条繁殖 2 年以上的；由压条或嫁接繁殖，与亲本株分离 1 年以上的；由芽接或嫁接繁殖，2 年以上的。

（二）美国进口星天牛寄主植物检疫要求

2009 年 1 月 16 日，美国发布并实施关于进口星天牛、光肩星天牛寄主植物紧急检疫措施。此措施明确规定：禁止进口树干或根基直径大于 10 毫米的寄主植物，其寄主植物达 65 个属。相对而言，欧盟没有对杆茎大小进行限制，星天牛寄主植物涉及 17 个属（种）。

第六节　加拿大进境植物检疫要求

一、加拿大主要植物检疫法规简介

加拿大和美国法规体系相似，植物检疫法规体系完善，主要有植物保护法、植物检疫法等。

---

*1 英寸 =2.54 cm

二、加拿大植物检疫要求

（一）需进境许可证的植物名单

（1）包括所有植物繁殖材料（某些种子除外）。

（2）非繁殖用途的植物材料。具体包括：禾谷类，如小麦、大麦、黑麦和黑小麦；坚果和食用种子类；蔬菜类，包括所有食用根。

（3）可能携带植物有害生物的其他物品：土壤和类似土壤的沙泥炭、植物碎屑等。

（二）禁止进境物品名单

（1）加方关注有害生物及其感染的物品。

（2）土壤和带土植物。

（3）植物：草皮植物、伏牛花属、鼠李属和木兰属的有些植物，以及有些水生植物等。

（4）植物繁殖材料：黄杉属、云杉属、松属、落叶松属、榆属、冷杉属（限不列颠哥伦比亚省）、梨、葡萄、扁桃、杏、樱桃、苦樱桃、山楂、木瓜、苹果有性实生苗、苔藓、地衣、辣椒和茄子等。

（三）需实施产地预检的植物繁殖材料名单

苹果、木瓜、欧洲越橘、冷杉属圣诞树、板栗、榆、栎、杨、柳。

（四）植物检疫证书要求

出口到加拿大的所有植物繁殖材料（不包括一些种子）都需要植物检疫证书。植物检疫证书应在启运前14天内签发，否则无效。

（五）加拿大进口兰花要求

根据国家质检总局《关于做好介质兰花开拓北美市场检疫准入相关技术工作的通知》，介质兰花开拓北美市场检疫准入程序及要求如下：

（1）当地检验检疫局要对拟出口兰花病虫害调查摸底。全面调查温室兰花病虫害发生情况，整理汇总出口兰花病虫害发生情况及防控措施提纲（中、英文）。

（2）按照《加拿大进口带根介质植物预先审核程序及进口要求（D-96-20）》，参照《美国从中国台湾进口栽培介质蝴蝶兰设施注册及检疫操作程序》，对辖区内兰

进出境种苗花卉检验检疫与标准化建设
The entry-exit inspection, quarantine and standardization
construction of seed, nursery stock and flowers

花种植企业进行初步考核，向国家质检总局推荐符合要求的企业名单（包括企业名称、地址、联系方式）（中、英文）。

（3）拟出口加拿大兰花企业，与加拿大进口商联系，并由加拿大进口商向加拿大食品检验署（CFIA）申请进口我相关出口基地兰花，并组织向加方送样检测。只有送样检测合格的企业，才能向加拿大出口介质兰花。

（六）加拿大对进口盆景要求

（1）出口种植基地加工厂必须是加拿大确认符合要求的注册登记企业。加拿大要求：输加盆景种植养护设施进口处有防虫网及可自动关闭的双重门，盆景生产用水是干净、可饮用的巴氏灭菌水，包括井水。盆景植物出口前必须在具生产设施的无土栽培介质中至少种植4个月，使用的栽培介质是未使用过的。使用的无土栽培介质须经加方批准。加拿大要求输出国或地区政府检验检疫机构定期检疫监管，每年至少两次。

（2）拟出口的盆景样品，必须经加方分析确信无检疫性有害生物或可疑有害生物后才允许进口。

（3）加拿大对允许进境的盆栽名录请通过加方贸易商与当地主管部门确认。

第七节 中国台湾进口种苗花卉检疫要求

一、与种苗花卉有关的禁止进境物

（1）来自所有国家或地区的臂形草属、稗属、黍属、雀麦属、稻属、筒轴茅属和小麦属种苗花卉。

（2）来自有柑橘病害国家或地区的柑橘植物。

（3）来自发生甘蔗流胶病国家或地区的病害寄主。

（4）芭蕉属。

二、限制进境物

茄科植物、李属、椰子、玉米、高粱属、百合、唐菖蒲、大丽花（插条除外）、荔枝、苹果属、桑属、西番莲属、蔷薇属、葡萄属、番石榴、龙眼和杧果及发生白缘象国家的所有植物地下部分。

第八节 中国香港进境植物检疫要求

（1）所有植物和植物产品都要植物检疫证书，来自中国内地或产自我国大陆地区的食用水果、蔬菜、粮谷、植物和种子等不要求出具植物检疫证书。

（2）证书签发日期不得早于出口植物启运前 14 天。

第九节 菲律宾进境植物检疫要求

（1）一般进口种苗花卉等植物繁殖材料及土壤都须办理进境许可证，经检疫合格后出口国官方应出具植物检疫证书。切花、插条及谷物不需进境许可证，但需植物检疫证书。

（2）菲律宾 2000 年对农产品（包括种苗等繁殖材料）进口提出了具体要求。主要内容为：

① 外国农产品如要进入菲市场须办理的检疫手续及程序：

（a）出口国出口商将发票和箱单转给菲律宾进口商；

（b）菲律宾进口商凭出口国出口商的发票和箱单向菲农业部农作物局植物检疫处（BPI）申请进口许可证。

（c）菲律宾植物检疫处签发该产品的进口许可证，在该证上注明每种产品离岸要求。

（d）菲进口商将该证交给出口国的出口商。

（e）出口国出口商提请出口国检疫部门根据产品的离岸前要求进行离岸检疫并出具检疫证明。

（f）出口国出口商将检疫证明和其他运输单据一起以适当渠道转交菲出口商。

（g）在货物到达菲律宾港口后，菲进口商提供菲检疫部门进口许可证和出口国的检疫证明。

（h）菲检疫部门根据进口许可证和检疫证明进行复验，合格后方可入关。

② 洋葱／大蒜的装运前要求：

将大蒜以 1.5g/m³ 浓度的磷化氢气体在 28℃熏蒸 72 小时，该处理须在随运的植物卫生文件中注明。菲方通关前将抽取必要的样品用于实验室检验和观察。

③ 杂交水稻种子要求：

(a) 出口商要联系中国国家质检总局主管植物检疫部门制定检疫安排计划。

(b) 菲方植物检疫官员到原产地进行先期澄清工作。澄清工作内容包括：

i. 在杂交水稻生长的合适阶段，在生长田间虫害观察和评估。

ii. 监督中国国家种子健康署做的日常种子健康试验。

iii. 监督用以杀死/清除已发现害虫的必要措施：以 Phostoxin 熏蒸剂熏蒸稻种、货垫、船舱和集装箱；热水处理稻种以杀灭白顶线虫（*Aphelenchoides besseyo*）；施用杀菌剂和杀虫剂；次氯酸钠处理以杀灭水稻黑穗病（*Tilletia barclayana*）。

(c) 须清查种子不含杂草和其他掺杂物，由中国国家健康证明机构签发证明。

第十节　韩国进境植物检疫要求

韩国是亚洲植物检疫体系比较完善的国家。

(1) 韩国 1999 年 8 月修订了禁止进境植物及植物产品名单。其中，涉及有关中国要求的条款如下：

① 禁止全世界的未去壳水稻、谷壳和稻草及其加工品，去壳大米除外。

② 来自中国的水果和胡桃仁。

③ 来自中国的番薯属（*IPomoea* spp.）、牵牛花属（*Pharbiti* spp.）、打碗花属（*Calystegia* spp.）、薯蓣属（*Dioscorea* spp.）及木薯的新鲜块茎。

④ 用于栽培目的，包括李属（*Prunus* spp.）、Malaceae 和悬钩子属（*Rubus* spp.）植物的种苗、幼芽和切花。

⑤ 来自中国的柑橘属植物，包括种子、种苗、幼芽和切花等。

⑥ 来自中国的松属、落叶松属、雪松属植物的种苗及木材。

(2) 除邮寄外，实施指定口岸入境制度。

(3) 科研用的禁止进境物进境，需要进境许可证。所有可接受的植物及它们的包装容器和包装材料都要求植物检疫证书。

(4) 韩国 1999 年对如下植物种子等进口检疫提出了新要求。

① 出口韩国的玉米、花生和小萝卜种子要求在植物检疫证书的附加声明部分注明，出口种子经生长期检查，认为不带有玉米细菌性枯萎病菌（*Erwinia stewartii*）、花生条纹病毒（Peanut string virus）、萝卜黄边病毒（Radish yellow edge virus）等病害。

② 从 2000 年 9 月 1 日起，韩国将对所有进境蘑菇菌丝实施植物检疫，所有进境的蘑菇菌丝必须带有出口国官方出具的植物检疫证书。

(5)2006 年 5 月，韩国实施新的《进境植物栽培介质检疫规定》。该规定对进境栽培介质、带介质植物提出了检疫新要求。

第十一节　泰国进境植物检疫要求

(1) 泰国禁止入境产品有：水生蕨类植物、铁兰、土壤、有机肥料及有害生物。需注意的是泰国指的植物包含植物产品。

(2) 禁止进境物需有进境许可证和植物检疫证书。

第十二节　新加坡进境植物检疫要求

(1) 所有植物材料必须附有植物检疫证书。

(2) 禁止进境物名单：

① 种植用的香蕉根出条，涉及下列各种的所有亚种变种：*Musa sapaentum*、*Musa chinensis*、*Musa parasisiace*、*Musa testilis*。

② 繁殖用的菠萝所有类型和变种的根出条或长出地面的部分或其他活组织部分。

③ 甘蔗植株（*Saccharum officinarum*）。

④ 可可、*Theobroma* 属的所有种。

⑤ 咖啡、*Coffea* 属的所有种。

⑥ 棉花、*Gossypium* 属的所有种。

⑦ 棕榈任何种的活的或正在生长的部分，包括种子。

⑧ 橡胶 *Hevea* 属的所有种。

⑨ 茶 *Camellia sinensis* 各变种植物，包括种子。

⑩ 椰子（*Cocos nucitera*）的种用核果。

(3) 切花及枝条要求进境许可证和植物检疫证书。

(4) 包装材料只限使用纤维、藓类、蛭石或无菌植物材料。

(5)2012 年，国家下发了明确的中国观赏植物输往新加坡植物检疫要求，包括注

进出境种苗花卉检验检疫与标准化建设
The entry-exit inspection, quarantine and standardization
construction of seed, nursery stock and flowers

册登记、日常监管、植检证书等方面，详细内容见附件 2。

第十三节　印度尼西亚进境植物检疫要求

（1）需要进境许可证的植物品种：粮食作物、种植园作物、饲料作物。

（2）禁止进口植物：马铃薯及带土壤和混合肥料的植物。

（3）所有植物繁殖材料都要有进境许可证和植物检疫证书。

（4）实施指定口岸入境。

第十四节　巴基斯坦进境植物检疫要求

（1）禁止邮寄植物和植物材料。

（2）所有进境植物及植物产品都有植物检疫证书和进境许可证，部分产品除外。进境植物和植物材料不得带有锯屑和未经消毒的沙和土壤。

（3）禁止所有国家的籽棉入境。

（4）限制进境物品

① 植物：洋葱、烟草、可可、柑橘、咖啡。

② 鳞茎／块茎：马铃薯块茎。

③ 种子：可可、咖啡、玉米、茶、烟草、向日葵。

第十五节 南非进境植物检疫要求

一、禁止进境物

（1）所有确认的有害杂草和外来入侵植物。

（2）某些水生植物、小檗属（*Berberis* spp.）、仙人掌（*Cactaceae*）植物。

（3）十大功劳（*Mahonia* spp.）。

（4）毒参（*Conium maculatum*）、川续断（*Dipsacus* spp.）、*Mahoberberis* spp.、*Rubers cuneifolius*、针柔（*Stipa* spp.）、榆（*Ulmus* spp.）、榉（*Zelkova* spp.）。

（5）冷杉（*Abies* spp.）、落叶松（*Larix* spp.）、黄杉（*Pseudotsuga* spp.）、铁杉（*Tsuga* spp.）接穗。

（6）种子：包括毒参（*Conium maculatum*）、某些仙人掌（*Cactaceae*）、假高粱（*Sorghum halapense*）和针柔（*Stipa* spp.）在内的所有被确认的有害杂草和外来入侵植物。

（7）切花和观赏枝条：所有来自有明确的有害杂草和入侵植物生长地区的材料。

二、限制进境

限制物品	要求	备注
进口非禁止植物	进境许可证	其他限制条件
球茎 / 块茎	进境许可证、植物检疫证书、附加声明	
种子	进境许可证、植物检疫证书、附加声明、处理、申报	
切花 / 观赏枝条	进境许可证、植物检疫证书、附加声明，某些情况下要求声明此类材料不用作繁殖目的	
包装材料	进境许可证、植物检疫证书、附加声明或处理	
土壤	进境许可证及申报；特殊的根堆肥、水藓（泥炭藓）、泥炭及泥炭沼要求进境许可证、植物检疫证书、附加声明和处理；果树生根及生长媒质要求进境许可证、植物检疫证书及处理。	
谷类 / 其他	要求进境许可证、植物检疫证书及符合进境许可证规定的卫生证书	

进出境种苗花卉检验检疫与标准化建设
The entry-exit inspection, quarantine and standardization
construction of seed, nursery stock and flowers

三、实行指定口岸入境制度

第十六节　阿拉伯联合酋长国进境植物检疫要求

（1）禁止受检疫性有害生物污染的植物或植物产品入境。

（2）所有植物和植物产品均要求植物检疫证书。

参考文献

[1]CABI，EPPO.欧洲检疫性有害生物.中国——欧洲联盟农业技术中心,译.北京:中国农业出版社, 1997：156.

[2] 陈尔. 木本花卉病虫害的综合防治技术. 广西林业科学, 2005, 34(4)：209-211.

[3] 陈培昶, 池杏珍. 栎树猝死病菌对城市绿地的风险性分析. 中国森林病虫, 2008, 27(6)：20-23.

[4] 陈现华, 李建国. 温室花卉病虫害产生的主要原因及综合防治措施. 河北林业科技, 2009, 6：36-38.

[5] 陈泽雄. 园艺植物病毒脱毒技术研究进展. 北方园艺, 2007, 5：58-60.

[6] 丁亚君. 花卉苗木锈病的症状及防治措施. 农技服务, 2006, 2：28-29.

[7] 董才学. 向日本出口杨桐枝的检疫. 动植物检疫, 1996, 1：57-58.

[8] 封立平. 进口大蒜中鳞球茎茎线虫的检疫处理和防治对策. 植物检疫, 2001, 15(3)：160-161.

[9] 胡白石, 许志刚. 梨火疫病的分布、传播及检测技术研究进展. 植物检疫, 1999, 13 (3)：6-10.

[10] 高井胜. 金龟子的科学防治. 现代农业科技, 2010, 6：155-156.

[11] 顾建锋, 张建成, 徐瑛, 陈先锋. 大豆茎溃疡病的研究进展及其检疫意义. 植物检疫, 2006, 20(4)：231-233.

[12] 郭对义, 元明浩, 刘希才. 花卉苗木中三大害虫的简易防治方法. 吉林农业, 2001, 11：15.

[13] 何元强, 欧善生, 苏桂花, 等. 棕榈红棕象甲防治技术研究. 安徽农业科学, 2010, 38(27)：15007-15009.

[14] 黄海泉. 实时荧光定量PCR技术在植物检疫中应用的研究进展. 湖北农业科学, 2012, 51 (1)：5-8.

[15] 黄森木. 几种适用于花卉的生物杀菌剂花木盆景（花卉园艺版）, 2005, 11：27.

[16] 黄艳霞. 菊基腐病菌的常用检测技术. 西南林学院学报, 2010, 30：27-29.

[17] 黄宇, 郐军锐, 曹平, 等. 我国花卉蓟马研究进展. 北方园艺, 2011, 7：178-180.

[18] 金雄. 对几种苗木病害的分析及防治. 吉林农业, 2011, 254(4)：120-121.

[19] 鞠永涛, 栾凤清. 沙棘种苗的主要病虫害防治及出口管理建议. 植物检疫, 2010, 24(1)：58-59.

[20] 李百胜, 吴翠萍, 安榆林, 等. 国外栎树突死病菌的检疫措施及我国应采

取的应对策略. 检验检疫科学, 2005, 15(3): 58-61.

[21] 李金坤. 居室花卉病虫害的防治. 河北农业科技, 2005, 10: 18-19.

[22] 廖太林, 李百胜. 栎树突死病菌传入中国的风险分析. 西南林学院学报, 2004, 24(2): 34-37.

[23] 刘春革. 林区常见家养花卉的主要病虫害及防治. 内蒙古林业调查设计, 2002, 25(增刊): 77-79.

[24] 刘军和, 贺答汉, 徐世才. 我国斑潜蝇的发生与防治研究进展. 宁夏农学院学报, 2004, 25(4): 85-88.

[25] 刘乐芹. 昆明地区花卉蓟马种类初报. 云南农业大学学报, 1993, 8(2): 115-120.

[26] 刘娜. 植物病毒及脱毒研究之进展. 植保土肥, 2012, 7: 80-81.

[27] 刘升, 龚德荣. 植物检疫技术概述. 农技服务, 2009, 26(2): 97-99.

[28] 罗利娟, 黄昕恒. 出境种苗花卉检验检疫监督管理工作探讨. 检验检疫科学, 2012, 16(增刊): 91-92.

[29] 吕朝军, 钟宝珠, 覃伟权, 等. 入侵害虫蔗扁蛾研究进展. 亚热带农业研究, 2005, 5(2): 116-119.

[30] 马建列, 白海燕. 花卉斑潜蝇发生及综合防治技术. 农业科技通讯, 2004, 6: 23.

[31] 麦热亚木, 李宽中, 李开花. 花卉种苗生产中常见病虫害的防治. 农村科技, 2009, 7: 56.

[32] 钱玉红, 孙丽华. 浙江杨桐考察. 浙江林业科技, 1994, 14(1): 42-46.

[33] 邵立娜, 赵文霞, 淮稳霞, 等. 栎树猝死病原在中国的适生区预测. 林业科学, 2008, 44(6): 85-90.

[34] 沈杰, 张庆荣, 徐志宏. 浙江省花木危险性害虫——蔗扁蛾的检疫与防治. 浙江林业科技, 2002, 22(3): 38-42.

[35] 王建伟, 龚自强, 屈娟. 进出境花卉苗木杀虫药剂筛选试验. 植物检疫, 1998, 12(4): 208-212.

[36] 王开栋, 项友武, 史红林. 甜瓜枯萎病的发生与防治. 湖北植保, 2003, 1: 15.

[37] 王耀民, 黄俊军. 巧配无公害农药防治花卉病虫害. 新疆林业, 2007, 3: 33-35.

[38] 王颖, 杨伟东, 陈枝楠, 等. 大豆茎溃疡病菌的生物学特性及其传入我国的风险. 2009, 23(1): 23-25.

[39] 汪钟信. 春季花卉苗木防治蚜虫. 花木盆景(花卉园艺版), 2006, 5: 26.

[40] 魏本柱, 韩飞. 蔗扁蛾的为害特征及防治措施. 中国林副特产, 2011, 1: 51-52.

[41] 魏春艳, 刘金华, 王金丽, 等. 进境种苗花卉实验室检测工作的几点思考.

检验检疫科学, 2006, 16（增刊）: 95-97.

[42] 朱培良, 葛起新. 一种危险性病害——菊花疫病. 植物检疫, 1987, 1(4): 298-301. 温室花卉病虫害的综合防治. 农药市场信息, 2008, 3: 36-37.

[43] 吴海峰. 破解杨桐柃木出口难题. 中国花卉园艺, 2007, 7: 24-25.

[44] 吴江, 缪文建, 沈林章, 等. 浙江省三大食用花卉主要病虫害及综合防治技术. 浙江农业科学, 2004, 1: 41-43.

[45] 吴品珊, 严进. 值得关注的大豆新病害. 植物检疫, 2003, 17(4): 226-228.

[46] 肖爱萍, 游春平, 孙辉, 向梅梅. 蝴蝶兰软腐病发生规律及其防治技术. 生物灾害科学, 2012, 35（2）: 215-216.

[47] 谢辉. 香蕉穿孔线虫及其检测和防疫控制. 植物检疫, 2006, 20(5): 321-324.

[48] 薛德乾. 曲纹紫灰蝶在上杭县的发生及防治调查初报. 中国植保导刊, 2005, 25（3）: 18-19.

[49] 殷玉生, 顾忠盈, 周明华. 新侵入害虫——蔗扁蛾的研究综述. 2006, 1: 242-246.

[50] 赵书梅, 曹修才, 杨士辉. 蝴蝶兰常见病害的发生与防治技术. 北方园艺, 2007（4）: 224-225.

[51] 赵忠懿. 常见花卉病虫害防治. 河南林业, 1991, 2: 29.

[52] 郑立峰. 我省林区主要针叶造林树种苗期几种病害防治技术的探讨. 科学与财富, 2011, 11:66.

[53] 周庆芳, 杨培峰. 苗圃育苗常见病虫害及防治措施. 内蒙古林业, 2011, 2: 12-13.

[54] 朱延书, 康宁. 生物技术在植物检疫检测中的应用. 江苏林业科技, 2003, 30（3）: 42-47.

[55] APHIS.List of regulated hosts and plants as sociated with Phytophthora ramorum[EB / OL].www.aphis.usda.gov / plant—health / plant_ pest_info / pram / , 2010.

[56] Blakeman J P, Hadley G.The pattern of asexual sporulation in Mycosphaerella ligulicola.Transactions of the British Mycological Society, 1968,51:643-651.

[57] Blok V C, Malloch G, Harrower B, et al.Intraspecific variation in ribosomal DNA in populations of the potato cyst nematode Globodera pallida. J Nematology, 1998, 30:262-274.

[58] Boerema G H, Bollen, G J.Conidiogenesis and conidial septation as differentiating criteria between Phoma and Ascochyta.Persoonia ,1975,8:111-144.

[59] Brown D J F. The transmission of two strains of strawberry latent ringspot virus by populations of Xiphinema diversicaudatum (Nematoda: Dorylaimoidea) . Nematol,1985, 13: 217-223.

[60] Brown D J F, Ploeg A T, Robinson D J.A review of reported associations between

进出境种苗花卉检验检疫与标准化建设
The entry-exit inspection, quarantine and standardization
construction of seed, nursery stock and flowers

Trichodorus and Paratrichodorus species (Nematoda: Trichodoridae) and tobraviruses with a description of laboratory methods for examining virus transmission by trichodorids.Revue Nematol, 1989, 12（3）: 235-241.

［61］ Brown D J F, Halbrendt J M, Jones A T, et al.An appraisal of some aspects of the ecology of nematode vectors of plant viruses.Nematologia mediterraneum, 1994, 22: 253-263.

［62］ Brown D J F, Trudgill D L, Robinson W M.Nepoviruses: transmission by nematodes.HARRISON, MuRANT A F.The PIant Viruses（Vol5）.New York: Plenum Press, 1996, 187-209.

［63］ Brown D J F, Weischer B.Specificity, exclusivity and complementarity in the transmission of plant viruses by plant parasitic nematodes: an annotated tern1inology.Fundam Appl Nematol, 1998, 21: 1-11.

［64］ Decraemer W.The family Trichodofidae: stubby root and virus vector nematodes[M].The Netherlands, Kluwer acdemic pubhshers, 1995, 27-31, 77-337.

［65］ Fitt B B H, Brun H, Barbetti M, et al.W orld-wide importance of phoma stem canker(Leptosphaeria maculans and L.biglobosa)on oilseed rape(Brassica ytapus). European Journal of Plant Pathology, 2006, 114: 3-15.

［66］ Garbelotto M, Schmidt D, Harnik T.Phosphite Injections and Bark Application of Phosphite+Pentrabark Control Sudden Oak Death in Coast LiveOak.ArboricultureandUrban Forestry, 2007, 33: 8.

［67］ Gary L Cave, Betsy Randall—Schadel, Scott C Redlin. Risk analysis for Phytophthora ramorum W erres. De Cock & M an in 'tVeld, Causal Agent of Sudden Oak Death, Ramorum Le',f Blight and Ramorum Dieback[M]. 2008.

［68］ Grouet D L, Ascochyta du chrysanthème. Horticulture Française .1974, 47:3-9.

［69］ Hahn W, Schmatz R. Diagnosis and control of Ascochyta disease of Chrysanthemum. Nachrichtenblatt für den Pflanzenschutz in der DDR, 1980, 34: 189-192.

［70］ IMI. Distribution Maps of Plant Diseases No. 406 (edition 3). CAB International, Wallingford, UK.1993, 83-84

［71］ Jones J T, Phillips M S, Armstrong M R. Molecular approaches in plant nematology. Fundam Appl Nematol, 1997, 20: 1-14.

［72］ Macfarlane S A, Brown D J F. Sequence comparison of RNA2 of nematode-transmissible and nematode-non—transmissible isolates of pea early-browning virus suggests that the gene encoding the 29 kDa protein may be involved in nematode transmission. J Gen Virol, 1995, 76: 1299-1304.

［73］ Macfarlane S A, Vassilakos N, Brown D J F. Similarities in the genome organization of tobacco rattle virus and pea early-browning virus isolates that are transmitted by the same vector nematode. J Gen Virol, 1999, 80: 273-276.

[74] Macfarlane S A, Wallis C A, Brown D J F. Multiple virus genes involved in the nematode transmission of pea early browning virus. Virology, 1996, 219: 417-422.

[75] Mayo M A, Brierley K M, Goodman B A. Developments in the understanding of the particle structure of tobraviruses. Biochemie, 1993, 75: 639-644.

[76] McCoy R E. Epidemiology of chrysanthemum Ascochyta blight. PhD Thesis, Cornell University, Ithaca, USA. 1971, 98-99

[77] Mitic N, et al. A comparative study of Diaperthe / Phompsis fungi on soybean from two deferent regions of the world. Mycopathologia, 1997, 139: 107-113.

[78] OEPP/EPPO Data sheets on quarantine organisms No. 33, Didymella chrysanthemi. Bulletin OEPP/EPPO Bulletin,1982,12 (1).

[79] OEPP/EPPO Specific quarantine requirements. EPPO Technical Documents No. 1008 .1990.

[80] Pereira J, et al. Suppression of DMporthephaseolorum vat. met' / d / on— at / s in soybean stems by Chaewum globosum. Plant Pathology, 1997, 46: 216-223.

[81] Pethybridge S J, Hay FS. Influenceof Phoma ligulicola on yield and site factors on disease development in Tasmanian pyrethrum crops. Australasian Plant Pathology , 2001, 30:17-20.

[82] Ploeg A T, Brown D J F, Robinson D J.The association between species of Trichodorus and Paratrichodorus vector nematodes and serotypes of tobacco rattle tobravirus. Ann Appl Biol，1992, 121: 619-630.

[83] Plummer K M, Dunse K, Howlett B J. Nonaggressive strains of the blackleg fungus，Leptosphaeria maculans, are present in Australia and can be distinguished from aggressive strains by molecular analysis[J]. Australian Journal of Botany, 1994, 42: 1-8.

[84] PQR. 2006. Distribution Maps of Quarantine Pests for Europe Phytophthora ramotu. EPPO, http：/ / www. eppo. org / QUARANT1NE / Alert—List / fungi / maps / PHYTRA map. htm.

[85] Sato T, Deviedma L Q, Alvarez E, et al. 1st occurrence of soybean southem stem cankerin Paraguay. JapanAgriculturalResearchQuatedy, 1993, 27: 20-26.

[86] Sauthoff W. Didymella ligulicola (Baker, Dimock et Davis) v. Arx as a pathogen of chrysanthemum in Germany. Phytopathologische Zeitschrift ,1963,48： 240-250.

[87] Schmitt C, Muetter A M, Mooney A, et al. Immunological detection and mutational analysis of the RNA2 encoded nematode transmission proteins of pea early browning virus. J Gen Virol，1998, 79: 1281-1288.

[88] Shoem aker R A , Brun H. The teleomorph of the weakly aggressive segregate of Leptosphaeria maculans. Canadian Journal of Botany, 2001, 79: 412-419.

进出境种苗花卉检验检疫与标准化建设
The entry-exit inspection, quarantine and standardization
construction of seed, nursery stock and flowers

［89］ Pethybridge S. J. Scott and J. B. Hay F. S. Relationships among isolates of Phoma ligulicola from pyrethrum and chrysanthemum based on ITS sequences and its detection by PCR. Australasian Plant Pathology, 2004,33(2): 173-181.

［90］ Stevens, F L. The chrysanthemum ray blight. Botanical Gazette ,1907,44: 241-258.

［91］ Trudgill D L, Brown D J F. Mcnamara D G. Methods and criteria for assessing the transmission of plant viruses by longidorid nematodes.Revue Nematol, 1983, 6（1）: 133-141.

［92］ Vassilakos N , Macfarlane S A ,Weischer B， et al. Exclusivity and complementarity in the association between nepo—and tobraviruses and their respective vector nematodes. Med Fac Landbouww Univ Gent, 1997， 62: 713-720.

［93］ Werres S, Manv R, Willem A, et al. *tophthora ramorum* sp. nov.， a newpathogen on Rhododendron and Viburnum[J]. Mycological Research, 2001, 105(10): 1155-1165.

［94］ West J S, Balesdent M H, Rouxel T, el al. Colonization of winter oilseed rape tissues by A ／ Tox and B ／ Tox. Leptosphaeria macu[ans(Phoma stem canker)in France and England . Plant Pathology, 2002, 51: 311-321.

［95］ West J S, Kharban da P D, Barbetti M J, et al. Epidemiology and management of Leptosphaeria macuans(Phoma stem canker)on oilseed rape in Australia， Canada and Europe . Plant Pathology, 2001, 50: 10-27.

［96］ Wilfrida DECRAEMER, Pierre BAUJARD. A polytomous key for the identification of species of the family Trichodoridae Thorne, 1935(Nematoda: Triplonchida) . Fundam Appl Nematol, 1998, 21（1）:37-62.

［97］ Williams R H, Fitt B D L. Differentiating A and B groups of Leptosphaeria maculclns, causal agent of stem canker(blackleg)of oilseed rape. Plant Pathology, 1999,48:161-175.